J'INSTALLE UNE RUCHE DANS MON JARDIN

L'AUTEUR

Apiculteur professionnel, Henri Clément est porte-parole de l'Union nationale de l'apiculture française (UNAF) et rédacteur en chef de la revue *Abeilles et fleurs*. Il a rédigé plusieurs ouvrages aux éditions Rustica et a notamment dirigé le *Traité Rustica de l'apiculture*.

Dépôt légal : janvier 2025
ISBN : 978-2-8153-2381-9
N° d'éditeur : 48437N2 (25L0085)
www.rustica.fr

LA VIE EN VERT

Henri Clément

J'INSTALLE UNE RUCHE DANS MON JARDIN

Rustica éditions

SOMMAIRE

AVANT-PROPOS

Autrefois, dans toutes les régions, les fermes disposaient d'un petit rucher composé de ruches traditionnelles en bois ou en paille qui assuraient bon an mal an et sans aucun soin véritable les besoins en miel de la famille.
Aujourd'hui, à côté des professionnels ou des pluri-actifs, pour qui l'apiculture et ses techniques élaborées constituent un métier, des dizaines de milliers de petits producteurs entretiennent avec passion quelques ruches, souvent au fond de leur jardin ou sur une terrasse, en ville, en banlieue ou en campagne.
Symbole de pureté et d'acharnement au travail, modèle d'organisation sociale, l'abeille produit le miel, la plus noble des douceurs. Mais dérangée ou se sentant agressée, jouant de son dard venimeux, quitte à y perdre la vie, elle peut laisser des souvenirs cuisants ! Vous aussi, si vous parvenez à contrôler l'appréhension bien légitime que représentent les piqûres, vous vous passionnerez aussitôt pour vos abeilles et cette activité vous détendra, sans aucun doute, du stress de nos vies trépidantes.
Entretenir deux ou trois ruches génère avant tout du plaisir. Plaisir d'observer l'évolution de la nature au fil des saisons. Plaisir d'accompagner le développement de la colonie selon les différents cycles. Plaisir de récolter son propre miel et d'en faire profiter la famille et ses amis. Avec passion et sérénité.

Henri Clément

PLAISIRS ET CONTRAINTES

L'entretien d'une ruche nécessite de maîtriser certaines techniques, de respecter certaines règles administratives et de ne pas être allergique aux piqûres. Mais cela permet aussi de découvrir le monde fascinant de la colonie, d'apprécier le rôle pollinisateur de l'abeille et de recenser la diversité botanique qui nous entoure.

Les bienfaits
DE L'APICULTURE

Installer une ou deux ruches dans son jardin n'apporte que des avantages, même si cela demande certains travaux d'entretien qui s'avèrent indispensables.

L'APICULTURE, UN ESPACE DE LIBERTÉ

Les abeilles, parfaitement adaptées et indépendantes, ne nécessitent pas d'entretien contraignant. Elles se nourrissent, se nettoient, se protègent elles-mêmes. Quelques précautions et techniques de base permettent de les accompagner, même à distance. Aussi est-il tout à fait envisageable d'installer ses colonies dans sa maison de campagne, même si celle-ci est éloignée de son domicile principal.

OBSERVER LA COLONIE : UN PLAISIR RARE

Sans déranger les abeilles mais simplement en les observant, vous découvrirez les rythmes de la nature sur la planche d'envol : les butineuses qui rapportent les pollens dès les premiers beaux jours ; l'activité de plus en plus intense avec l'épanouissement de la végétation ; les abeilles rentrant en urgence, signe d'orage imminent…

LEXIQUE

MELLIFÈRE : qualifie une plante dont la fleur sécrète du nectar butiné par les abeilles.

POLLINIFÈRE : qualifie une plante dont la fleur porte des pollens attractifs pour les abeilles.

CONNAÎTRE L'ENVIRONNEMENT BOTANIQUE

L'ampleur de la ressource florale disponible pour les colonies conditionnera la réussite des ruches et déterminera la couleur et la saveur du miel. Aussi est-il important d'en connaître la richesse. N'hésitez pas lors de vos promenades à examiner les plantes ou les arbres en fleurs pour mieux appréhender leurs qualités **mellifères** et **pollinifères**. Plus ces espèces se révèlent abondantes et variées, plus votre environnement sera favorable.

LE MIEL, UN PRODUIT NOBLE

Peut-on rêver d'un produit plus naturel ? Issue de fleurs butinées par les abeilles, cette nourriture extraordinaire, une fois libérée des rayons qui l'emprisonnent, ne subit aucune transformation ni traitement

particulier. Le miel consommé peut contenir plus de vingt sucres différents, des oligo-éléments, des enzymes, excellents pour le bien-être et la santé.

LE BONHEUR DE PRODUIRE SON MIEL

On peut acquérir d'excellents miels dans le commerce ou chez les apiculteurs. Néanmoins, produire son propre miel représente un plaisir inégalé. Le jour de la récolte est comme une grande fête teintée d'inquiétude, de suspens puis de bonheur lorsque le miel doré jaillit des rayons.

QUELQUES RENDEZ-VOUS INCONTOURNABLES

À la fin de l'hiver, il est indispensable de visiter ses ruches pour déterminer l'état de la colonie, quantifier ses réserves et ses besoins. Au cours du printemps, il faudra installer les hausses que l'on récoltera durant l'été. À l'automne, lors d'une ultime visite, les provisions d'hiver seront estimées, complétées si nécessaire, et la colonie traitée sur le plan sanitaire.

LES PRINCIPALES SOURCES DE BUTINAGE

Fin d'hiver : amandier, buis, prunellier, noisetier, saule, ficaire…

Début de printemps : aubépine, colza, érable, merisier, pissenlit, pommier, thym…

Fin de printemps et été : acacia, bourdaine, châtaignier, framboisier, lavande, lotier, maïs, ronce, tilleul, tournesol, trèfle…

Automne : bruyère, origan, lierre, arbousier…

La pollinisation

Les abeilles assurent quatre-vingts pour cent de la pollinisation des plantes à fleurs et sont recherchées par les arboriculteurs et les maraîchers.

Apparues sur Terre il y a plus de cent millions d'années, abeilles et fleurs sont indissociables. Grâce à leurs relations étroites, mutuellement bénéfiques, elles ont participé à l'évolution de la planète en favorisant la biodiversité végétale.

UN ÉCHANGE MUTUEL FRUCTUEUX

Les fleurs constituent la principale ressource nutritive de la ruche. Pour assurer la nourriture de la colonie tout au long de l'année, les abeilles prélèvent le nectar secrété par les plantes, qu'elles transforment en miel, et le pollen, qu'elles emmagasinent dans les rayons pour nourrir les larves et produire la gelée royale.

En visitant des milliers de fleurs, les abeilles prélèvent les pollens qu'elles stockent en pelotes sur leurs pattes arrière pour les rapporter à la ruche. Lors de ces prélèvements, des grains de pollen s'échappent et assurent ainsi la fécondation des fleurs. En effet, pour que les plantes puissent se reproduire, les pollens des organes mâles, particules microscopiques, doivent être transportés vers les organes femelles. Afin d'éviter toute consanguinité, il importe que les gamètes proviennent d'individus génétiquement différents assurant ainsi une fécondation croisée.

MÉMO

Il existe d'autres vecteurs de pollinisation : le vent, en particulier pour les conifères ; des insectes, comme les papillons et les bourdons ; des oiseaux (colibris) et certaines chauves-souris, mais de manière marginale.

DES AVANTAGES CERTAINS

La pollinisation est une opération indispensable à la qualité des fruits.

- **La taille des fruits :** une fleur de fraisier non visitée par les abeilles, par exemple, donne une fraise rachitique, mal formée, alors que, **bien pollinisée,** son poids sera multiplié par quatre et son aspect sera attrayant.
- **La teneur en sucre :** les fleurs bien pollinisées engendrent des fruits dont la teneur en sucre et donc la qualité gustative sont supérieures à celles des autres. Les producteurs de melons sont très attentifs à la présence de colonies d'abeilles dans leurs champs.
- **Une conservation prolongée :** la durée de conservation des fruits est prolongée de manière significative lorsque la pollinisation des fleurs a été assurée par les

abeilles dans de bonnes conditions. Les pommes, par exemple, demeurent ainsi plusieurs mois sans se flétrir ni se racornir.

UNE VÉRITABLE ACTIVITÉ ÉCONOMIQUE

Depuis plus de cinquante ans, le monde agricole a pris conscience du rôle majeur de l'abeille pour la rentabilité de nombreuses productions fruitières, maraîchères et grainières, comme celle des oléo-protéagineux (tournesol, colza). Les exploitants agricoles font donc appel aux apiculteurs qui, contre rémunération, installent leurs ruches au moment opportun dans les cultures.

MÉMO

Une pomme bien pollinisée présente une forme symétrique, une peau lisse, une saveur et un goût délicats. Ses pépins, bien gonflés, sont répartis en étoile autour du pédoncule.

Hélas, de plus en plus souvent, les abeilles sont intoxiquées par les produits phytosanitaires, et les apiculteurs, confrontés à la mortalité de leurs colonies, rechignent parfois à apporter leur concours aux agriculteurs.

La législation
EN VIGUEUR

Lors de la mise en place de ses colonies, le nouvel apiculteur doit connaître la législation en vigueur et la respecter.

LE CODE RURAL

L'article L211-6 du code rural détermine la distance à observer entre les ruches et les propriétés voisines ou la voie publique. Ces distances sont déterminées au plan départemental par des arrêtés préfectoraux. Très variables, elles dépendent des spécificités géographiques (montagne, plaine) et de l'habitat.
Vous devez prendre impérativement connaissance des réglementations en préfecture ou en mairie. Vos abeilles ne doivent pas importuner les passants. La maîtrise des techniques apicoles de base vous évitera des maladresses susceptibles de rendre les abeilles agressives.

MON CONSEIL

Je préconise d'entrer en contact au plus vite avec un apiculteur du voisinage. Connaissant les spécificités du terroir et maîtrisant les techniques, il assurera un bon soutien, intellectuel, matériel et psychologique.

MÉMO

Les pouvoirs publics considèrent que la production d'un rucher demeure familiale si celui-ci ne possède pas plus de dix ruches. Dans ce cas, l'apiculteur n'est pas imposable.

LES OBLIGATIONS ADMINISTRATIVES

Tout rucher, même composé d'une seule ruche, doit impérativement faire l'objet dès son implantation d'une **déclaration annuelle** sur le site http://www.mesdemarches.agriculture.gouv.fr/ en remplissant le formulaire électronique de déclaration de détention d'emplacement de ruches – Cerfa 13995. Cette formalité est destinée à avertir les apiculteurs en cas de maladies contagieuses.

La première déclaration peut être effectuée à tout moment de l'année ; ensuite, elle doit être renouvelée chaque année entre le 1er septembre et le 31 décembre.
Par ailleurs, si vous vendez une partie de votre récolte, si minime soit-elle, vous devrez impérativement obtenir **un numéro SIREN/SIRET** auprès du centre de formalité des entreprises de la chambre d'agriculture de votre département et tenir **un registre d'élevage** où vous consignerez vos traitements sanitaires et vos déclarations annuelles.

L'ASSURANCE

Vos abeilles doivent être assurées pour les dommages qu'elles sont susceptibles de causer à des tiers. Cette option dite « de responsabilité civile » est obligatoire. Si vos abeilles blessent un voisin ou entraînent la mort d'un animal — ce qui, hélas, bien qu'exceptionnel, peut toujours arriver — et si vous n'avez pas souscrit cette assurance, c'est vous qui devez prendre en charge les frais inhérents au sinistre. Et ils peuvent vite se révéler élevés.

Certaines revues apicoles (voir plus loin) vous proposent ce service à un coût minimum : quelques centimes d'euro par ruche !

LES DÉMARCHES CONSEILLÉES

- **Le syndicat départemental :** même si vous ne possédez qu'une seule ruche, il me paraît indispensable de participer aux activités du syndicat départemental. Celui-ci propose souvent des stages d'initiation ou de perfectionnement organisés dans son rucher-école. Lors des assemblées générales, vous aurez l'opportunité de parler « abeille » avec des apiculteurs plus confirmés qui vous prodigueront des conseils souvent pertinents. Toujours avides de faire partager leurs connaissances, ils vous proposeront sans doute de vous donner un coup de main.

MON CONSEIL

Lors de la récolte, j'offre un pot de miel à mes voisins immédiats, ce qui favorise les relations et l'intégration des abeilles dans mon quartier. J'en profite pour rappeler le rôle essentiel de l'abeille comme agent pollinisateur.

- **Le groupement de défense sanitaire (GDS) :** souvent en lien direct avec le syndicat départemental, cette association, partenaire des services vétérinaires, vous offre un appui certain sur le plan sanitaire. Il permet d'obtenir des médicaments à des prix avantageux. Des spécialistes apicoles sont prêts à intervenir sur votre cheptel, si besoin est. N'hésitez pas à les contacter.
- **Des revues apicoles :** dans ces revues nationales mensuelles comme *Abeilles et Fleurs*, des articles souvent passionnants vous feront découvrir la biologie de l'abeille, la botanique apicole... Des rubriques régulières vous enseigneront les travaux du mois à réaliser. Des tours de main vous seront communiqués. Vous prendrez connaissance des dernières découvertes scientifiques sur les bienfaits des produits de la ruche pour la santé humaine. Proposé par le syndicat départemental, l'abonnement est effectué lors du paiement de la cotisation syndicale annuelle.

Les précautions À PRENDRE

L'appréhension bien naturelle envers les abeilles disparaît rapidement si l'apiculteur prend quelques précautions.

LES DISPOSITIONS INDISPENSABLES

- Il est avant tout essentiel de placer les ruches au fond du jardin, à l'écart du passage fréquent des habitants de la maison et de manière que les allées et venues des butineuses s'effectuent sans gêne.
- Ne laissez pas les enfants jouer dans l'environnement immédiat des ruches. S'ils ne dérangent pas les abeilles, celles-ci ne les agresseront pas. Mais si d'aventure un ballon heurte avec violence une ruche, la réaction des abeilles peut s'avérer immédiate.
- Il est vivement conseillé de prendre des dispositions afin que les chiens ne puissent folâtrer autour des ruches. Par ailleurs, il ne faut en aucune façon attacher un chien à proximité avec une chaîne qui pourrait frotter les corps de ruches.

EN CAS DE PIQÛRE

Ne retirez jamais le dard en le prenant entre les doigts : vous comprimez alors la poche à venin et vous injectez une nouvelle dose de venin. Ôtez-le en agissant à rebrousse-poil, d'un coup sec, à l'aide d'une lame de couteau posée à plat sur la peau.

Une seringue, l'aspivenin, permet d'aspirer le venin autour de la piqûre et ainsi d'en réduire la diffusion dans le corps. Rassurant, simple et efficace.

LES RÉACTIONS AUX PIQÛRES

Avant de débuter une activité apicole, il est recommandé de connaître la réaction de son organisme à la piqûre d'abeille. Si après une sensation de brûlure, la douleur s'estompe, c'est parfait. Si un léger gonflement rougeâtre apparaît, il n'y a pas lieu de s'inquiéter. En revanche, si des maux de têtes, des vomissements ou des vertiges apparaissent, il faut d'urgence consulter un médecin. Dans de rares cas, il est vrai exceptionnels, une ou deux piqûres peuvent entraîner la mort.

LE MONDE DES ABEILLES

Les insectes représentent le groupe zoologique le plus important de la biosphère (plus d'un million d'espèces). Les abeilles appartiennent à l'ordre le plus évolué, celui des hyménoptères. Les premières abeilles sont apparues au Crétacé, en liaison indissociable avec les plantes à fleurs, il y a plus de cent millions d'années, longtemps avant l'apparition de l'homme sur Terre…

La colonie

La colonie d'abeilles, ou essaim, est constituée selon la saison de dix mille à quatre-vingt mille abeilles rassemblées autour d'une seule reine

LA REINE

Seul individu fécond, la reine peut pondre en quatre ou cinq ans près de deux millions d'œufs – jusqu'à deux mille par jour en haute saison –, qui, fécondés ou non, deviendront des ouvrières ou des faux bourdons.

Sa morphologie, adaptée à la reproduction, la différencie des autres individus de la colonie. Plus longue, dotée d'un abdomen très développé, elle se déplace sur les rayons et demeure cloîtrée dans la ruche.

Une reine est constamment entourée d'une cour composée d'ouvrières qui veillent sur elle. Privée de cette assistance, une reine meurt.

LES OUVRIÈRES

Leur durée de vie dépend de la période durant laquelle elles sont nées. Si elles ont vu le jour à la fin de l'été, elles vivront plusieurs mois pour assurer la transition hivernale, alors qu'au printemps, harassées par une activité débordante, elles ne vivront que trois à quatre semaines.

Isolée, une ouvrière ne peut survivre. Chaque ouvrière est capable d'effectuer les différentes tâches nécessaires au bon fonctionnement de la colonie.

Devenues butineuses, elles vont prélever sur les fleurs le nectar, qu'elles transformeront en miel, et le pollen, qu'elles apprêteront. Stockés dans les rayons où leur conservation est parfaite, ces deux éléments représentent la nourriture exclusive de la colonie. Constituer des réserves en quantité suffisante représente donc un objectif primordial. L'apiculteur ne prélève que le miel en surplus, sans pour autant mettre en danger la colonie.

MÉMO

Autrefois, on considérait que la reine était un mâle et on parlait donc du roi des abeilles.

LA FORMATION D'UN ESSAIM

Chacun d'entre nous a pu observer un jour ou l'autre une masse d'abeilles compacte, accrochée à une branche. C'est un essaim. Partie d'une colonie dotée d'une toute nouvelle reine, il est formé de la vieille reine et d'une partie plus ou moins importante des ouvrières, gorgées de miel afin d'assurer la survie le temps d'aménager un nouveau domicile. Une nouvelle ruche est née. Ainsi se sont multipliées nos abeilles depuis des millénaires.

LES FAUX BOURDONS

Au nombre de quelques milliers, les faux bourdons apparaissent au cours du printemps quand la colonie se développe massivement et quand les conditions de l'essaimage deviennent les plus favorables.

D'une taille plus imposante, trapu, poilu, de couleur sombre, avec de gros yeux resserrés et un vol lourd et ronflant, le faux bourdon est facilement reconnaissable.

Son rôle unique est celui de reproducteur. Peu fidèle, le faux bourdon vagabonde de ruche en ruche en quête de jeunes reines vierges à féconder. Il n'assure pas la moindre tâche ménagère et se contente de consommer les réserves.

MÉMO

Il existe plusieurs races d'abeilles. Chacune d'elles présente des avantages et des inconvénients. Si les abeilles sont implantées dans un espace très urbanisé, il est préférable de privilégier une race d'abeille réputée douce (la caucasienne ou la carniolienne). Notre abeille noire locale est, elle, plus agressive.

La biologie DE L'ABEILLE

Véritable chef-d'œuvre de la nature, l'anatomie de l'abeille, si complexe et pourtant si robuste, permet d'accomplir des performances exceptionnelles.

Entre l'abeille fossilisée dans l'ambre de la mer Baltique, il y a 80 millions d'années, et notre abeille actuelle, les différences sont imperceptibles.
Comme tous les insectes, le corps de l'abeille, couvert de minuscules poils, doté d'ailes et de pattes, est composé d'une tête, d'un thorax et d'un abdomen.

LA TÊTE

De forme triangulaire, elle se caractérise par deux yeux proéminents. Composés de milliers de facettes, ceux-ci assurent une vision panoramique mais d'une netteté relative. L'abeille ne perçoit pas les mêmes couleurs que l'homme. Elle distingue les ultraviolets, mais pas le rouge.

ANATOMIE DE L'ABEILLE

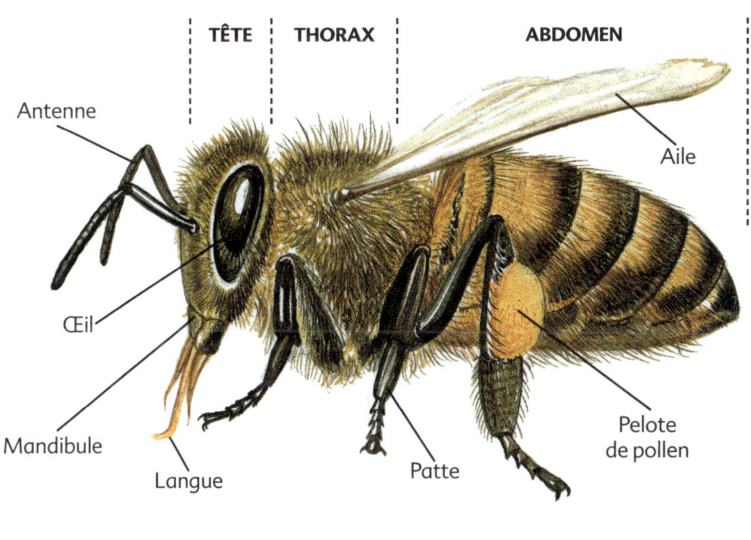

Au sommet de la tête, trois petits yeux simples, dénommés ocelles, détectent les variations de lumière et fournissent à l'abeille des informations essentielles à son orientation.
Entre les deux yeux, deux antennes, en perpétuel mouvement, jouent un rôle majeur. Elles permettent de repérer les odeurs, de se déplacer dans l'obscurité de la ruche et de communiquer avec les autres abeilles.
De chaque côté de la bouche, les mandibules forment des pinces très puissantes qui servent à bâtir les rayons, manger, nettoyer et se défendre. Rétractile, la trompe, fort complexe, munie d'une langue garnie de poils microscopiques, permet d'absorber eau et nectar.
Enfin, le cerveau, véritable ordinateur, coordonne l'ensemble des fonctions.

MÉMO

Il ne faut jamais peindre des ruches en rouge ! Les abeilles seraient désorientées.

LE THORAX

Le thorax assure la locomotion de l'abeille ; il porte trois paires de pattes et deux paires d'ailes.
Les pattes, munies de ventouses et de crochets, permettent de se déplacer et de se fixer sur n'importe quel support, mais aussi de rassembler les grains de pollen disséminés sur le corps pour en constituer des pelotes.
Mues par une musculature hyper-puissante (400 à 500 battements par seconde), les ailes, rigidifiées par des nervures, offrent des possibilités étourdissantes : de 30 à 60 km/h sur des distances de plus de 3 km couvertes d'une seule traite. En une seule journée, l'abeille peut ainsi parcourir plus de 100 km.

L'ABDOMEN

Il est constitué de sept anneaux fixés entre eux par des membranes souples qui lui assurent une grande flexibilité. Il est relié au thorax par un pétiole court et très fin, et contient le jabot, le tube digestif et les systèmes respiratoire et circulatoire.

- **Le jabot :** situé en amont de l'estomac, il forme une poche extensible qui permet à l'abeille de transporter à la ruche l'eau ou le nectar butiné sur les fleurs. En activité, l'abeille a besoin de se nourrir : un clapet étanche s'ouvre pour laisser passer une partie du butin dans l'estomac puis se referme.

MÉMO

Le linge étendu dehors peut être souillé lors des vols de propreté effectués par les abeilles.

- **L'appareil digestif :** une ampoule rectale stocke urine et excréments. Parfois durant l'hiver, elle ne sera vidée, lors d'un vol de propreté, qu'après plusieurs semaines.
- **Le système respiratoire :** étendues à tout l'insecte, des trachées acheminent l'air vers l'ensemble des parties du corps. L'abdomen régule la respiration.
- **Le système circulatoire :** à l'intérieur de la structure rigidifiée par l'enveloppe extérieure, les organes baignent dans un liquide incolore dénommé hémolymphe, riche de nombreuses substances. Il remplace le sang et est diffusé dans tout le corps.

Chez l'ouvrière, l'abdomen contient les glandes cirières, le dard et la glande de Nasanov, qui sécrète une odeur perceptible par les abeilles à plusieurs mètres et qui leur permet de se reconnaître. Afin de diffuser cette odeur, les abeilles battent des ailes : elles font le rappel.

Chez le faux bourdon, l'abdomen abrite l'appareil sexuel mâle et, chez la reine, l'appareil sexuel femelle.

La reine

Née d'un œuf similaire à celui d'une ouvrière, mais pondu dans une cellule « royale », la larve d'une reine n'est nourrie qu'à la gelée royale.

Plusieurs cellules royales assureront le renouvellement de la vieille reine mais, sans état d'âme, la première reine née, 16 jours après la ponte, exécutera ses rivales au fur et à mesure de leur émergence.
Ses glandes sécrétant des phéromones assureront la cohésion de la colonie. Pour remplir son rôle de reproductrice, la jeune reine devra se faire féconder.

LA FÉCONDATION

Elle a lieu quelques jours après la naissance de la jeune reine. L'accouplement avec les faux bourdons se déroule en plein ciel à plus de 10 m de hauteur et ne dure que quelques secondes.
Par temps favorable, la reine s'accouplera aussitôt avec d'autres faux bourdons. Sinon, elle regagnera la ruche et ressortira plus tard pour finir de remplir sa spermathèque. Trois jours plus tard, la ponte peut commencer.
Les œufs qui donneront naissance à des ouvrières sont fécondés par des spermatozoïdes. En revanche, ceux qui donneront naissance à des faux bourdons transitent directement des ovaires de la reine dans son vagin sans recevoir de sperme. Ce phénomène dénommé « parthénogenèse » désigne l'apparition de générations sans fécondation.

LES PHÉROMONES ROYALES

Diverses, les phéromones royales jouent chacune un rôle essentiel. Elles structurent l'orientation des abeilles au sein de la colonie, engendrent l'omniprésence de la cour d'ouvrières autour de la reine, stimulent la production cirière et inhibent la construction de cellules royales.

Les faux BOURDONS

Les yeux et le thorax du faux bourdon sont particulièrement développés, ce qui optimise son aptitude à l'orientation et au vol.

Le faux bourdon se caractérise par un corps massif. Dépourvu de dard, il ne peut piquer. C'est donc sans crainte que vous pouvez le prendre dans la main.

UN PROFITEUR

Incapable d'assurer lui-même sa propre nourriture, le faux bourdon dépend entièrement du bon vouloir de la colonie qui lui laisse consommer miel et pollen... tant que la saison se révèle favorable. Lorsque la mauvaise saison arrive, les ouvrières n'hésitent pas à le massacrer.

L'APPAREIL REPRODUCTEUR

Né 24 jours après la ponte, le faux bourdon ne connaît une maturité sexuelle active qu'au terme de 30 jours.
Son appareil reproducteur occupe une grande partie de son abdomen. Lors de l'accouplement, une partie vitale composée des organes génitaux est arrachée, entraînant la mort du faux bourdon.

UNE COLONIE BOURDONNEUSE

Une colonie devient bourdonneuse lorsqu'en fin de vie, une vieille reine dont la spermathèque est vide ne pond que des œufs non fécondés, ne donnant ainsi naissance qu'à des faux bourdons. Rapidement la population diminue et si la reine n'est pas renouvelée, la vie même de la colonie est menacée à très court terme.

Les ouvrières

Toutes les ouvrières, à tour de rôle et selon leur âge, participent aux tâches indispensables au bon fonctionnement de la colonie. Et ces tâches sont multiples.

Au printemps et en été, les ouvrières travaillent sans relâche. En hiver, l'activité décroît et la principale charge consiste à réguler la température de la ruche.

FEMMES DE MÉNAGE

Dès leur naissance, c'est-à-dire 21 jours après la ponte, les ouvrières nettoient avec le plus grand soin l'ensemble des cellules où la reine n'y pondra un œuf que si la propreté y est absolue.

ARCHITECTES ET MAÇONNES

Âgée de 10 jours, l'ouvrière, dont les glandes cirières se développent, rejoint la cohorte chargée de bâtir les rayons. Véritables chefs-d'œuvre architecturaux, ceux-ci sont composés de cellules, ou alvéoles, dont la forme hexagonale évite de perdre de l'espace, assure une solidité parfaite et, grâce à une légère inclinaison, empêche le précieux liquide de s'écouler. Une seule cellule représente six heures de dur labeur.

NOURRICES

Grâce à des glandes dites « hypopharingiennes », les ouvrières sécrètent entre le 5e et le 15e jour des substances destinées à l'alimentation des larves. Au cours de visites incessantes, jusqu'à mille par jour, elles nourrissent les larves en fonction de leur croissance.

Lorsque la larve a atteint une taille suffisante, les ouvrières **operculent** la cellule pour permettre à la future nymphe d'achever son développement.

MANUTENTIONNAIRES ET MAGASINIÈRES

Au terme du 15e jour, les ouvrières participent au nettoyage de la ruche. Elles expulsent débris de cire, pollen abîmé ou larves mortes. Elles réceptionnent le nectar et le pollen et, après les avoir travaillés, elles les stockent dans des alvéoles. Une fois operculé, le miel peut se conserver très longtemps dans son alvéole.

GARDIENNES

Entre le 15e et le 20e jour, les ouvrières participent à la surveillance de l'entrée de la

LEXIQUE

OPERCULER : obturer avec une pellicule de cire un alvéole contenant du miel ou une larve.

ruche. Les indésirables ou les pillardes sont repoussées et si l'alerte est plus sérieuse, en présence de souris par exemple, les renforts ne tardent pas à intervenir.

VENTILEUSES

Les abeilles savent parfaitement réguler la température de la ruche. En été, au-delà de 35 °C, les ouvrières agitent frénétiquement leurs ailes pour expulser l'air chaud à l'extérieur. Si cette méthode est insuffisante, une quantité d'abeilles se regroupent sur la paroi à l'extérieur, faisant ainsi baisser la température intérieure. On dit que les abeilles « font la barbe ».
En hiver, les abeilles s'étreignent les unes les autres par leurs pattes et forment une masse compacte plus facile à réchauffer. On dit que les abeilles « font la grappe ». En consommant du miel, elles libèrent de l'énergie et la température ne descend jamais en dessous de 13 °C.

BUTINEUSES

Durant la dernière partie de leur courte vie, les ouvrières s'envolent pour aller prélever dans la nature les éléments indispensables à la colonie : eau, nectar, pollen.

MÉMO

Lorsqu'une butineuse a repéré une source intéressante de nectar, elle pratique une danse dite « en huit » qui renseigne les autres sur la distance, la direction et la qualité des ressources disponibles. Cette découverte a valu le prix Nobel à Karl von Frisch.

La récolte du nectar

Substance sucrée, le nectar est produit par les nectaires situés le plus souvent au fond de la corolle des fleurs. L'ouvrière pénètre dans la fleur et, avec sa langue bien adaptée, elle pompe et stocke le précieux liquide dans son jabot. Lorsque celui-ci est plein, l'abeille rentre à la ruche où il est réceptionné et travaillé par d'autres ouvrières pour être transformé en miel.

Sur les végétaux parasités par des pucerons spécifiques, les abeilles récoltent du miellat, comme le miel de sapin.

La récolte du pollen

La dernière paire de pattes des ouvrières dispose d'une corbeille et d'un peigne situé aux extrémités. Lorsque l'abeille visite les fleurs, elle gratte vigoureusement les **anthères** avec ses pattes de devant et son corps velu se couvre de grains de pollen. Avec les autres pattes, elle rassemble ces grains et, en y incorporant du miel régurgité du jabot, elle constitue les pelotes transportées dans les corbeilles.

LEXIQUE

ANTHÈRE : partie supérieure de l'étamine d'une fleur, renflée, contenant ordinairement deux loges polliniques.

Les cycles
DE LA COLONIE

Sensible aux conditions climatiques et à l'évolution de la flore environnante, la colonie se développe selon différentes phases se succédant au rythme des saisons.

LA PHASE HIVERNALE

Cette phase qui, selon les régions, peut s'étendre entre trois et six mois débute dès la fin des dernières miellées. L'activité se réduit considérablement. La reine cesse de pondre. La colonie, repliée en grappe, vit sur ses réserves et doit se protéger du froid en régulant la température de la ruche.

MÉMO

Selon les régions, ces cycles sont extrêmement variables.

Lors des belles journées, les abeilles recluses durant plusieurs jours effectuent des vols de propreté. La population diminue très légèrement. La ruche ne doit en aucune façon être dérangée. L'adversaire le plus redoutable pour les abeilles est le surcroît d'humidité qui favorise l'émergence de maladies.

LA PHASE PRINTANIÈRE

Dès l'éclosion des premières fleurs, les butineuses reprennent leur activité. La reine reprend sa ponte, limitée durant les premiers temps en raison du faible potentiel pollinifère et des conditions climatiques encore défavorables.

Comme elles ne peuvent être compensées par des apports de nectar frais, les réserves diminuent considérablement. En cas de mauvais temps prolongé, la disette peut subvenir. C'est une phase critique à laquelle l'apiculteur doit veiller avec la plus vive attention.

Les vieilles abeilles ayant survécu à l'hiver disparaissent et sont remplacées par de jeunes ouvrières. Avec l'arrivée des grandes floraisons, la ponte augmente très rapidement. La population de la colonie atteint son apogée. Les nouveaux contingents assureront les récoltes d'été. Les faux bourdons et les nouvelles reines apparaissent, favorisant l'essaimage naturel. Si les miellées le permettent, il est possible d'effectuer les premières récoltes.

LA PHASE ESTIVALE

Selon les disponibilités florales, cette période débute plus ou moins tôt. Le nombre de butineuses est à son apogée. Toute source de nectar est aussitôt visitée de manière systématique.

La colonie constitue ses réserves, en priorité dans le corps de la ruche où le miel et le pollen demeurent à proximité du **couvain,** puis dans les hausses où le surplus est récolté par l'apiculteur. Cette phase relativement courte dépend de la réussite du développement de la colonie au cours de la phase printanière.

Dès les premiers signes d'effritement des miellées, la ponte diminue. Les naissances ne compensent pas les mortalités : la population s'amoindrit. Lorsque la miellée s'arrête, les ouvrières se débarrassent des faux bourdons.

MÉMO

Dans les régions méditerranéennes, en raison de la sécheresse persistante, la phase estivale est parfois similaire à une phase hivernale : réduction de la ponte, absence de miellée.

LEXIQUE

COUVAIN : ensemble des œufs et larves en cours de développement répartis sur les rayons.

LA PHASE AUTOMNALE

Sur les végétaux à floraison tardive, comme le lierre, la bruyère commune ou la ravenelle, les butineuses prélèvent pollen et nectar qui compléteront les réserves hivernales et stimuleront la ponte de la reine en quantité suffisante.

Les jeunes abeilles traverseront les longs mois d'hiver et assureront ainsi la pérennité des cycles. Les faux bourdons ont disparu. Sur les bourgeons de certains arbres, les abeilles ont récolté de la propolis qui sert à calfeutrer la ruche contre les rigueurs de l'hiver.

L'INFLUENCE DU MILIEU ET DU CLIMAT

Selon les climats, les altitudes et les flores, les phases du cycle biologique peuvent apparaître de manière précoce ou tardive et ce avec une grande amplitude. Si, en milieu méditerranéen, la reine pond tout au long de l'année, en revanche, en montagne, l'absence de ponte dure plusieurs mois.

Les abeilles d'un terroir sont bien adaptées à leurs conditions environnantes. Si vous les déplacez dans une autre région, très différente, plus précoce ou plus tardive, elles éprouveront souvent bien des difficultés à s'y intégrer.

La santé DES ABEILLES

L'apiculteur doit veiller à conserver son cheptel en parfaite santé. Il assurera ainsi la pérennité de sa colonie et évitera de contaminer les colonies environnantes.

Identifier une maladie apiaire n'est pas aisé. En cas de suspicion, prenez attache auprès de votre groupement sanitaire départemental ou des services vétérinaires. Ils établiront un diagnostic et vous proposeront un traitement adapté.

LA LOQUE AMÉRICAINE

Cette très grave maladie du couvain est due à une bactérie.

- **Les symptômes :** une odeur nauséabonde à l'ouverture de la ruche ; un aspect irrégulier du couvain ; des larves mortes, à l'aspect noirâtre et visqueux dans les alvéoles operculés...

LE TEST DE L'ALLUMETTE

Plongez une allumette dans une larve morte. Si en la retirant, il apparaît un filament de matière gluante, la loque semble bien présente. Mais seule une analyse d'abeilles réalisée dans un laboratoire le confirmera.

LA LOQUE EUROPÉENNE

Due aussi à une bactérie, cette maladie est moins grave que la précédente. Sa principale cause favorisante est une carence de la colonie en pollen.

- **Les symptômes :** identiques à la loque américaine, mais les larves mortes ne filent pas.

LA NOSÉMOSE

Cette maladie est plus fréquente dans les régions à hivers longs et humides. Elle est due à un protozoaire qui se développe dans le tube digestif de l'abeille.

- **Les symptômes :** activité réduite de la colonie ; planche d'envol et parois de la ruche souillées par des traces d'excréments ; des cadres souillés à l'intérieur.

L'ACARIOSE

Due à un acarien qui se localise dans les trachées de l'abeille, la maladie émerge à la fin de l'hivernage.

- **Les symptômes :** abeilles traînantes, incapables de voler.

LES MYCOSES

Cette maladie bénigne, due à des champignons, affecte le couvain.

- **Les symptômes :** des larves mortes momifiées ayant pris l'aspect du plâtre.

LA VARROASE

Arrivé en France dans les années 1980, le varroa, un acarien visible à l'œil nu, constitue le plus redoutable des prédateurs de l'abeille. Se laissant enfermer dans les

cellules avec les larves dont il se nourrit, il affaiblit rapidement la colonie et entraîne sa mort si aucun traitement n'est réalisé.

- **Le traitement :** il doit être effectué chaque année dès la fin des miellées ou dès la fin de la ponte de la reine. Les traitements sont souvent définis au niveau départemental. Aussi est-il préférable, là aussi, de s'adresser au GDSA ou aux services vétérinaires.

LE FRELON ASIATIQUE

Originaire d'Asie, cet insecte invasif arrivé en France en 2004 crée de très gros dommages, en particulier sur les tous petits ruchers. Un seul nid de frelon peut consommer dans une saison plus de 11 kg d'insectes sauvages et d'abeilles domestiques.

Pour les protéger, dès les premiers beaux jours, il convient de capturer au moyen de

pièges spécifiques les frelons femelles qui reprennent leur activité. Chaque femelle éliminée est un nid en moins ! Par la suite, la localisation des nids cachés dans la végétation puis leur destruction sont plus délicates... Des muselières installées à l'entrée des ruches permettent également de protéger vos abeilles.

MA RECETTE D'APPÂT

Pour tendre votre piège à frelons, mélangez un tiers de sirop de fruits rouges (cassis, grenadine, framboise, fraise, etc.), un tiers de vin blanc, qui attire les frelons asiatiques mais repousse les abeilles, et un tiers de bière blonde ou brune. Remplissez à moitié le réceptacle de votre piège. Renouvelez tous les dix jours.

INSTALLER UNE RUCHE

Pour pratiquer l'apiculture dans son jardin, il faut commencer par choisir un modèle de ruche, acquérir les instruments de base, déterminer l'emplacement le plus adapté et enfin se procurer la ou les colonies d'abeilles. En attendant la prochaine récolte de miel qui adoucira la douleur des premières piqûres.

La ruche
ET SON BUDGET

Pendant des millénaires, l'homme a offert à ses colonies d'abeilles des abris rudimentaires élaborés à partir des matériaux disponibles dans l'environnement immédiat : terre cuite, troncs d'arbres évidés, ruches en paille...

À la fin du XIXe siècle, deux Américains, Charles Dadant et Lorenzo Langstroth, inventent la ruche moderne conçue autour d'une découverte majeure : le cadre.

COMMENT EST FAITE UNE RUCHE

Tous les modèles de ruche sont construits sur le même principe. Le plancher sert d'assise et de fond. Grillagé, il favorise la circulation de l'air dans la ruche. La partie avant, dépassant légèrement, compose la planche d'envol.
Dans le corps de ruche prennent place les cadres, dans lesquels vit la colonie. Une ou plusieurs hausses pourvues de cadres forment des compartiments dans lesquels les abeilles emmagasinent le miel en surplus.
Un couvre-cadres ferme le tout. Enfin, un toit, plat ou à deux pentes, protège la ruche.

MÉMO

Ma préférence va vers le modèle de ruche Dadant dix cadres, couvert avec un toit chalet particulièrement esthétique. Une manière de joindre l'utile à l'agréable.

LES TYPES DE RUCHES

Aujourd'hui, seuls deux types sont adoptés partout dans le monde :

- **La Langstroth :** son principal avantage réside dans le fait que le corps et la hausse sont rigoureusement identiques, ce qui les rend interchangeables. Un seul modèle de cadre (43 x 20 cm) est donc employé. Ses inconvénients proviennent de la lourdeur fatigante des hausses gorgées de miel lors des récoltes et des réserves réduites pour affronter les longs hivers rigoureux.
  C'est un modèle particulièrement adapté à la transhumance et au climat méditerranéen.
- **La Dadant :** corps et hausses sont de taille différente. Le cadre le plus grand (43,5 x 30 cm) est destiné au corps de ruche. Le plus petit, dit demi-cadre, est réservé pour la hausse. Ces deux dimen-

LE DÉCOUPAGE D'UNE RUCHE

LE TOIT
Étanche, il protège la ruche des intempéries.

LE COUVRE-CADRES
Il permet à la colonie de conserver la chaleur indispensable tout en facilitant l'évacuation de l'humidité. Muni d'un nourrisseur, il offre la possibilité de nourrir la ruche.

LE CADRE
Formé de quatre barrettes de bois qui encadrent une feuille de cire gaufrée, rigidifiée grâce à des fils tendus, le cadre permet de diriger la construction des rayons, de les retirer sans abîmer le couvain et la colonie, de les intercaler, etc.

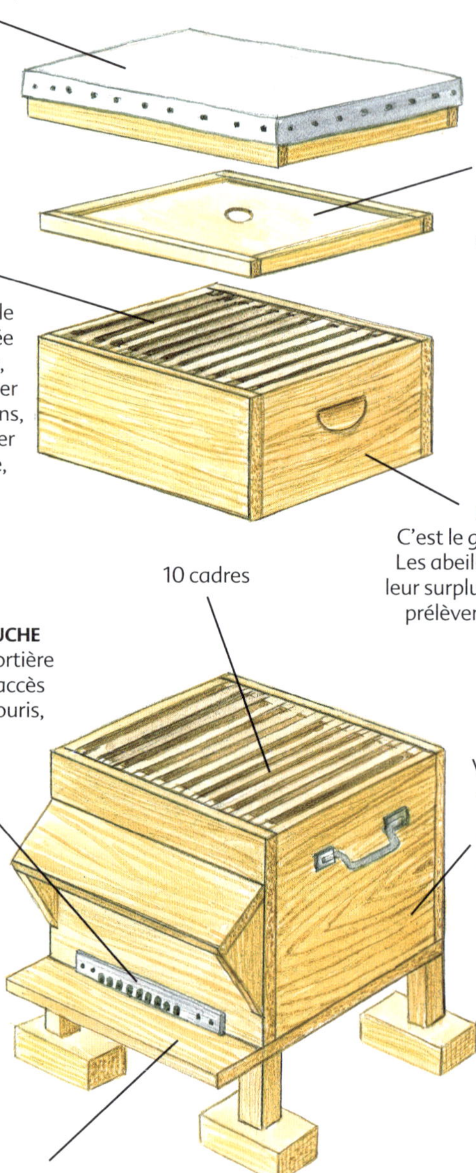

LA HAUSSE
C'est le grenier de la maison. Les abeilles y emmagasinent leur surplus, que les apiculteurs prélèvent lors de la récolte.

10 cadres

L'ENTRÉE DE LA RUCHE
Libre en été, une portière en hiver interdit l'accès aux prédateurs, souris, mulots, etc.

LE CORPS DE LA RUCHE
Véritable pièce à vivre des abeilles : la reine y pond ses larves, les abeilles stockent le pollen et mettent le miel en réserve.

LA PLANCHE D'ENVOL
Cette avancée de quelques centimètres facilite le décollage et l'atterrissage des butineuses.

sions favorisent le stockage de bonnes provisions pour l'hiver et des manipulations de hausses très faciles. L'inconvénient provient de la multiplicité du matériel qui engendre des frais supplémentaires.
La Dadant convient bien à l'apiculture sédentaire.

MON CONSEIL

Pour une dépense moindre, je recommande l'achat du matériel de base strictement indispensable, mais en privilégiant la qualité, la simplicité et la solidité, et en écartant les ustensiles qui peuvent ne présenter qu'une utilité ponctuelle.

LE BUDGET D'UNE RUCHE

Si l'achat d'une ruche et du matériel exige au départ un certain investissement, l'entretien au fil des années ne demande presque plus aucune dépense.
Pour une production familiale, le budget nécessaire à l'achat d'une ruche, des colonies et du matériel de base indispensable à l'entretien et à la récolte s'élève à moins de 1 200 euros.

Quant aux frais annuels d'entretien, ils se révèlent modiques : moins de 150 euros.

La ruche et les abeilles

Constituée de tous ses éléments, une ruche neuve, couverte avec un toit à deux pentes et dotée d'un nourrisseur couvre-cadres, sera achetée chez un fabricant pour moins de 150 euros. Elle devra être traitée avec une peinture microporeuse — deux couches — ou trempée dans de la cire microcristalline ; cette opération s'élève à 50 euros.
Le prix d'un essaim sur cinq cadres varie de 130 à 180 euros, celui d'une colonie déjà développée avec sa ruche entre 160 et 240 euros.

Le vêtement

Malgré la fumée, l'apiculteur n'est jamais à l'abri de quelques piqûres. Un bon vêtement étanche, léger et de préférence de couleur blanche est recommandé. Vous travaillerez ainsi en toute sécurité.
Ce vêtement comportera une vareuse munie d'un chapeau, qui éloigne le voile du visage, une bonne paire de gants et un pantalon pourvu d'élastiques à la base des jambes. De bonnes chaussures remontantes ou des bottes com-

plètent parfaitement cet accoutrement. L'ensemble ne devrait pas dépasser les 150 euros.

Les outils indispensables

- **L'enfumoir** constitue l'outil indispensable. Sans lui, la plus petite intervention est inenvisageable car il permet de maîtriser l'agressivité des abeilles. N'hésitez pas à y mettre le prix car un bon enfumoir évite bien des déboires. Comptez environ 70 euros.
- **Le combustible :** vous pouvez vous servir d'herbe sèche, provenant par exemple des tontes de gazon. Vous trouvez dans le commerce de très bons combustibles. Évitez toile de jute, carton et papier imprimé.
- **Le lève-cadre :** ce levier permet de décoller les cadres et de racler les excès de propolis. Un simple tournevis peut toutefois faire l'affaire : moins de 15 euros.
- **La brosse :** elle vous permet d'enlever les abeilles qui restent sur les cadres lors de la récolte. Une simple branche bien fournie en feuilles peut faire l'affaire.

MON CONSEIL

J'utilise toujours un lève-cadre de couleur voyante afin de mieux le repérer dans l'herbe et ne pas l'égarer.

Le matériel de récolte

- **Le couteau à désoperculer :** muni de ce couteau peu onéreux (moins de 20 euros), coupant comme un rasoir, vous trancherez la pellicule de cire, ou opercule, qui obstrue les alvéoles remplis de miel.
- **Un bac à désoperculer** en plastique alimentaire (moins de 100 euros) recevra les opercules que vous briserez puis filtrerez pour en récupérer le miel encore présent.
- **L'extracteur-maturateur :** d'un coût relativement élevé (entre 300 et 400 euros), il vous permettra d'extraire le miel de vos cadres, de le filtrer et de le laisser reposer avant la mise en pot. Les marchands de matériel vous proposent des appareils polyvalents particulièrement adaptés à une production familiale. Ils sont fabriqués en matière inoxydable alimentaire.

Le petit matériel d'entretien

De petites fournitures sont indispensables pour monter des cadres et les munir de cire gaufrée : fil inoxydable, petit transformateur, pointes... Leur coût s'avère minime.

L'emplacement DU RUCHER

Avant d'implanter des abeilles sur votre terrain, vous devez définir le meilleur emplacement possible en respectant certains critères primordiaux.

Le choix de l'emplacement conditionnera en grande partie la réussite de l'entreprise. Outre le fait que le rucher ne devra en aucune façon gêner les usagers de la maison, les critères à respecter sont les suivants :

- **La superficie :** afin de pouvoir se mouvoir sans difficulté et effectuer les opérations nécessaires en disposant d'un espace confortable, il convient de prévoir environ 5 m^2 pour une ou deux ruches. Le sol doit être bien sec et bien drainé. Les zones inondables ou à brouillards stagnants sont à éviter.
- **La sécurité :** il est recommandé de choisir un lieu où les abeilles seront protégées de toutes formes d'activités susceptibles d'être ressenties comme une agression : jeux d'enfants, divagation de chien... Réciproquement, pour éviter de faire piquer le voisinage, il est parfois utile de guider l'envol des abeilles en les faisant voler plus haut. N'hésitez pas à placer un obstacle (haie, paravent...) qui les obligera à emprunter la voie que vous leur aurez assignée.
- **L'accessibilité :** même si votre cheptel se limite à deux ruches, l'activité apicole nécessite le transport de matériel parfois important, comme celui des hausses pleines lors de la récolte. L'accès aux ruches doit donc être possible avec une brouette.
- **L'orientation :** l'entrée de la ruche doit être balayée par les rayons du soleil levant qui éveille, réchauffe et dynamise les abeilles.
- **La luminosité :** les abeilles n'apprécient guère les lieux ombragés engendrant l'humidité. Ceux-ci favorisent l'émergence de graves pathologies comme la nosémose. Si vous installez votre ruche

sous un arbre, n'hésitez pas à l'élaguer afin que la lumière puisse envelopper la ruche.

- **Le vent :** l'emplacement doit être abrité des vents dominants et, en particulier, des vents du nord et de l'est. Protégez le rucher en plantant une haie constituée d'essences mellifères.
- **Les supports :** afin d'éviter que l'humidité du sol ne remonte par capillarité dans le bois des ruches, celles-ci doivent être isolées du sol et donc surélevées par des supports.
  La méthode que je préconise consiste à utiliser deux moellons de ciment, un qui supportera la partie avant de la ruche et l'autre, la partie arrière. Ce dernier, placé à un niveau supérieur de 3 ou 4 cm, donnera une légère inclinaison vers l'avant qui favorisera l'écoulement des déchets et des gouttelettes de vapeur d'eau dues à la condensation.
- **La disposition des ruches :** évitez que les vols des butineuses ne se croisent. Décalez légèrement l'orientation des entrées de ruches pour que chaque colonie dispose de son propre couloir de vol.
- **L'abreuvoir :** l'été, en zone sèche, les abeilles ne trouvant pas d'eau à proximité risquent d'importuner les voisins en allant notamment s'abreuver dans les piscines. Il convient d'aménager temporairement un abreuvoir constitué d'un récipient rempli d'eau dans lequel on aura préalablement placé un flotteur ou des cailloux sur lesquels les abeilles pourront se poser sans se noyer.

MON CONSEIL

Pour m'éviter de rester penché en permanence, je surélève mes ruches jusqu'à une hauteur de 40 cm au-dessus du sol. Pour cela, je double les moellons ou je maçonne un véritable socle.

Acheter
DES ABEILLES

Une fois les ruches installées, le moment est venu de se procurer des colonies d'abeilles. Pour cela, il existe plusieurs méthodes.

LA MÉTHODE LA PLUS NATURELLE

Elle consiste à attendre qu'un essaim naturel vienne s'installer spontanément dans une vieille ruche vide ayant déjà été occupée. À la fin du printemps, vous disposez au fond du jardin une ruche munie de cadres de cire gaufrée et vous attendez qu'un essaim en quête de domicile veuille bien s'y installer. C'est fort aléatoire… Même si vous favorisez cette installation avec des produits du commerce dits « attire-abeilles » ou en plaçant dans la ruche, pour appâter les abeilles, des cadres de cire bâtie parmi les cadres de cire gaufrée, vous risquez d'attendre longtemps…

LA MÉTHODE LA PLUS ÉCONOMIQUE

Il s'agit d'aller récupérer un ou plusieurs essaims dans le voisinage. Auparavant, prévenez les pompiers, qui seront ravis de

votre proposition, de votre intérêt pour les abeilles. En échange de l'essaim, vous proposerez un cadeau au propriétaire.
Cependant, la récupération d'essaim peut s'avérer délicate pour l'apiculteur novice, en particulier si l'essaim est implanté dans une cheminée ou entre un volet et une fenêtre. En outre, il est impossible de juger de l'état sanitaire de la colonie ni de l'âge et de la valeur de la reine. Je déconseille donc cette méthode.

LA MÉTHODE LA PLUS FACILE

Il suffit de s'adresser à un apiculteur confirmé et de lui acheter une ou deux ruches peuplées. Vérifiez l'état des ruches : bois, toit... Effectuez avec le vendeur une visite approfondie de la colonie. Au printemps, la ponte doit être resserrée et les cires de couleur claire et jamais noirâtre. Les abeilles doivent disposer de réserves de miel situées en haut des cadres. Assurez-vous que le format correspond bien aux normes en usage.
Cette méthode présente l'avantage de vous lancer dans l'apiculture avec des colonies en pleine activité que vous récolterez quelques semaines après. En outre, elle vous permet de connaître un apiculteur expérimenté.

LA MÉTHODE LA PLUS PÉDAGOGIQUE

Elle consiste à acheter des essaims artificiels en ruchettes de cinq ou six cadres produits par un apiculteur éleveur. Ce dernier a sélectionné ses souches. Non agressives, vos reines seront jeunes et très fécondes. La ponte bien visible sur des cadres de cire fraîchement bâtis attestera de la qualité de l'essaim. Transvasez ces essaims dans vos ruches. Nourrissez-les quelque temps et vous aurez le plaisir de voir au printemps se développer votre colonie.
Seul inconvénient : ayant mis du temps à se développer, votre ruche risque de produire une faible récolte la première année.

MON CONSEIL

Si cela est possible, je recommande d'acheter en même temps une ruche peuplée, prête à produire, et un essaim en ruchette. Ainsi s'allieront le plaisir de faire une belle récolte et celui d'observer une colonie en pleine expansion, les mains et les yeux dans les rayons.

Installer
SES ABEILLES

Le grand jour est arrivé : vous allez emporter vos abeilles et les installer dans le jardin. Il convient alors de prendre certaines précautions.

LES PRÉCAUTIONS POUR LE TRANSPORT

Votre choix s'est porté sur une ruche et un essaim en ruchette et vous devez transporter le tout depuis le rucher du vendeur jusque chez vous. Afin d'emporter l'intégralité des butineuses, le déménagement sera effectué soit à la nuit tombée soit avant le lever du jour.

MON CONSEIL

J'acquiers mes ruches au printemps. Avec les beaux jours et les floraisons massives, les risques de perte sont négligeables. En revanche, en automne ou en hiver, ces risques sont plus importants.

Vérifier l'état de la ruche

Regardez en priorité si les corps de ruches ou de ruchettes sont en parfait état. Prenez garde aux boiseries de ruches détériorées et qui présentent des fissures ou des trous. Les interstices n'ont pas besoin d'être très grands pour laisser passer des abeilles en colère… Il faut les repérer sans délai et les obstruer aussitôt, avec de la mousse, du coton ou du papier. Mais il faudra aussi allumer l'enfumoir et endosser la vareuse car on n'est jamais sûr d'avoir réussi à détecter toutes les fuites.

S'éloigner suffisamment du vendeur

Une distance d'au moins 3 km entre le lieu de départ et le lieu d'arrivée est indispensable, surtout en plaine, car en deçà, les abeilles, dotées d'un remarquable sens de l'orientation, retourneraient très facilement vers leur première position. Vous perdriez de nombreuses butineuses.

MÉMO

On peut négocier avec le vendeur pour qu'il participe au déplacement des ruches jusqu'à leur emplacement définitif.

COMMENT PROCÉDER ?

Fermez la porte d'entrée de la ruche ou de la ruchette en retournant la grille d'entrée que vous fixez avec des œilletons ou avec de la mousse synthétique. Ainsi bien fer-

mée, votre ruche peut être chargée dans votre véhicule et emmenée vers son nouvel emplacement.
Toutefois, ce système demeure valable si la distance entre les deux emplacements n'excède pas 50 km et si le déplacement s'effectue lorsqu'il ne fait pas trop chaud. Par forte chaleur et sur de grandes distances, les abeilles risqueraient de périr étouffées. Dans ce dernier cas, il faut obstruer l'entrée par une mini-cage grillagée appelée « muselière », qui permettra aux abeilles de respirer sans sortir de la ruche.
Une fois la ruche ou la ruchette installée dans votre jardin, laissez les colonies se remettre de leurs émotions quelques minutes puis libérez les abeilles en retirant la grille d'entrée ou la mousse.

ENRUCHER L'ESSAIM EN RUCHETTE

Deux ou trois jours après l'installation, vous pouvez mettre en ruche l'essaim de la ruchette. Procédez le soir pour éviter le pillage.
Placez devant la ruchette la ruche vide, découverte, munie de cadres de cire gaufrée placés de chaque côté et en nombre suffisant pour compléter ceux de la ruchette.

MÉMO

Il est prudent de réserver ses ruches ou ruchettes dès l'automne pour le printemps suivant, car la demande devient de plus en plus pressante.

Enfumez légèrement l'entrée de la ruchette. Retirez le couvercle et le couvre-cadres. Avec le lève-cadre, décollez le cadre du bord. En le prenant de chaque côté entre le pouce et l'index, retirez-le délicatement en le maintenant toujours en position bien verticale et glissez-le sans brusquerie dans la ruche. En procédant avec doigté, les abeilles ne s'envolent pas. Procédez de la même manière avec les autres cadres de la ruchette en respectant leur ordre initial. Retournez la ruchette vidée sur la ruche pour en faire tomber les abeilles restées à l'intérieur.
Placez un nourrisseur sur les cadres et refermez la ruche. Le transvasement est terminé.

AU FIL DES SAISONS

L'apiculteur ne doit pas gêner le travail de ses abeilles par des visites incessantes. En revanche, au fil des saisons, quelques opérations indispensables doivent être effectuées au moment le plus opportun. Si, à l'image de la nature, l'automne et l'hiver sont des périodes de faible activité, au cours du printemps et de l'été, il faut accompagner l'épanouissement printanier qui connaît son apogée lors de la récolte.

Savoir visiter UNE COLONIE

Il est indispensable de maîtriser les principes de base permettant de visiter une colonie sans danger, ni pour les abeilles ni pour soi-même.

Toutefois, seule l'expérience acquise au fil du temps, en vous assurant un tour de main efficace, vous procurera le grand plaisir de travailler dans la sérénité.

CHOISIR LE BON MOMENT

Intervenez par une belle journée, sans nuage et sans vent. Il ne faut pas ouvrir une ruche par temps d'orage, par temps froid (moins de 12 °C) ou sous la pluie. N'intervenez pas trop tôt. Attendez que vos abeilles soient actives.

COMMENT ENFUMER

L'apiculteur néophyte a tendance à trop enfumer. Pour favoriser un comportement paisible, il suffit de maintenir par de petits coups de soufflet réguliers un enfumage minimum. Commencez par l'entrée de la ruche en dirigeant la fumée vers l'intérieur.

ALLUMER ET GARNIR L'ENFUMOIR

L'enfumoir doit être allumé avec soin. Employez du papier journal ou des allume-enfumoirs vendus dans le commerce, pratiques, économiques et efficaces par tous les temps. Laissez tomber l'élément enflammé délicatement sur la grille du fond de l'enfumoir. En serrant et desserrant le soufflet, activez la combustion. Très vite, ajoutez des boules d'herbe à demi-sèche ou des granulés de lavande. Avec le couvre-cadres, tassez le contenu et actionnez le soufflet régulièrement pour maintenir la combustion. La fumée qui s'échappe doit être blanche et froide.

Les gardiennes seront prévenues. Une minute plus tard, le toit de ruche ôté, décollez le couvre-cadres à l'aide du lève-cadre et enfumez par l'interstice ainsi créé. Continuez au fur et à mesure que vous retirez le couvre-cadres.
Enfumez toute la surface de la ruche ouverte environ 30 secondes en dirigeant la fumée entre les cadres. Conservez votre calme. Continuez à enfumer régulièrement mais à petites doses.

OUVRIR LA RUCHE

Lorsque vous avez retiré le couvre-cadres, vérifiez que la reine ne se trouve pas dessus. Pour éviter de blesser les abeilles qui s'y maintiennent, donnez un coup sec avec la paume de la main sur la tranche du couvre-cadres. Posez-le à plat à côté de la ruche.
Commencez à décoller avec le lève-cadre le cadre situé contre la paroi. Saisissez-le de chaque côté entre le pouce et l'index puis soulevez-le en maintenant la position verticale sans le frotter contre la paroi ou le cadre suivant.

OBSERVER UN CADRE

Présentez le cadre de manière à bénéficier de la meilleure lumière. Si les abeilles vous gênent, brossez-les au-dessus de la ruche. Examinez la ponte, les réserves de pollen et de miel. De la qualité de ces trois éléments dépend la valeur de la colonie. Posez ensuite le cadre délicatement sur le couvre-cadres, adossé à la ruche.

FERMER LA RUCHE

Lors de la visite, la ruche doit rester ouverte le moins longtemps possible. Si vous vous attardez, vous risquez de susciter l'agressivité des abeilles et, s'il existe d'autres ruches dans un voisinage proche, de déclencher le pillage. Replacez les cadres dans leur ordre initial, disposez le couvre-cadres puis le toit. La visite est terminée.

MON CONSEIL

Si je dois battre en retraite devant l'ampleur des piqûres, je ferme toujours la ruche. Les abeilles ne tardent pas à retrouver leur calme.

Au printemps : DÉVELOPPER LA COLONIE

À la fin de l'hiver, alors que les abeilles commencent à rapporter à la ruche les premiers pollens, une belle journée s'annonce : il est temps d'effectuer la visite de printemps.

Cette visite permettra d'évaluer la qualité de la reine, d'estimer les réserves de miel, de vérifier l'état sanitaire, de renouveler quelques vieux cadres et, d'ores et déjà, de préparer la récolte.

ÉVALUER LA PONTE

- **Une jeune reine féconde :** si la surface des alvéoles de ponte, operculés, est homogène, resserrée et si on aperçoit des œufs présents dans chaque alvéole tout autour, la reine est jeune et fort féconde. La colonie va se développer rapidement et bientôt occuper tous les cadres du corps de ruche. Très peuplée, la colonie emmagasinera du miel en quantité importante dès que les ressources florales le permettront. La récolte devrait s'avérer abondante si les conditions climatiques se montrent favorables. En revanche, il faudra prêter attention au risque d'essaimage.
- **Une reine plus âgée :** si la ponte est encore importante mais présente des manques, la reine commence à prendre de l'âge et voit sa ponte décliner. Il va falloir la stimuler en proposant aux abeilles un sirop de nourrissement, puis songer à la remplacer au moment favorable.
- **Une reine en fin de vie :** si la ponte est rare et disséminée, la colonie aura du mal à se développer. Même si vous la nourrissez, elle risque de végéter. Il faut remplacer la reine sur-le-champ avant que la population ne régresse.

- **La colonie est orpheline :** la ponte se révèle inexistante, seuls apparaissent quelques alvéoles de faux bourdons. Si la population d'ouvrières est encore importante, vous pouvez introduire une nouvelle reine. Pour cela, adressez-vous à un apiculteur professionnel. En revanche, si la population est réduite, la colonie est vouée à disparaître. Dans ce cas, brossez les quelques abeilles devant une autre colonie. Elles seront acceptées. Puis emmenez les cadres : vous pourrez consommer le miel ou le conserver pour attirer un essaim à la fin du printemps. Vous pouvez également ajouter un ou deux cadres de miel à une autre colonie qui manque de provisions.

ESTIMER LES RÉSERVES

Elles doivent être encore importantes car la colonie en aura grand besoin au cours de son développement intensif. Lorsque la population atteint son apogée, si le mauvais temps s'installe et perdure, en quelques jours, la disette peut affaiblir la colonie et parfois entraîner sa mort. La récolte en serait amoindrie.

Pour affronter les mois printaniers, une colonie doit disposer d'une dizaine de kilos de miel. Pour évaluer ce poids, on estime qu'une surface operculée recto verso de la taille d'une main pèse 500 g de miel. Si les réserves vous paraissent faibles, il faut nourrir de préférence avec du candi que l'on se procure dans les magasins de produits pour l'apiculture.

Veillez aussi que la colonie ne soit pas saturée de miel : elle ne disposerait pas d'espace libre pour laisser pondre la reine et ne se développerait pas. Il faut retirer deux cadres de chaque côté du couvain, les remplacer par deux cadres de cire gaufrée et nourrir très légèrement pour stimuler la construction des rayons et la ponte.

Si un cadre rempli de pollen bloque la ponte, agissez de la même manière : retirez-le.

STIMULER LA PONTE AVEC UN SIROP DE NOURRISSEMENT

Faites dissoudre 1 kg de sucre semoule dans 1 litre d'eau tiède en remuant vivement. Ajoutez une demi-cuillerée à café de vinaigre de cidre afin d'acidifier la préparation et de favoriser la digestion de l'abeille. Versez ce sirop dans le nourrisseur couvre-cadres à raison de 0,50 litre par ruche. Recommencez trois jours après et continuez ainsi à nourrir en faible quantité mais fréquemment, jusqu'à ce que la colonie dispose d'une population importante.

VÉRIFIER L'ÉTAT SANITAIRE

Lors de l'ouverture de la ruche, la colonie doit exhaler une odeur agréable. Observez aussi vos abeilles, elles ne doivent pas être traînantes. Vérifiez qu'elles ne soient pas atteintes de nosémose.

Si vous percevez une forte odeur désagréable, redoublez de vigilance lors de l'observation de la ponte. Si le couvain ne vous paraît pas conforme, n'hésitez pas à consulter un agent sanitaire.

RENOUVELER LES CADRES

Afin de prévenir les maladies, il importe de renouveler les cadres régulièrement. Il est conseillé d'en changer au moins trois chaque année. Il faut procéder au printemps car, durant l'hiver, la colonie a consommé le miel de plusieurs cadres.

Retirez les deux cadres de rive plus le suivant qui ne contiennent pas de couvain et fort peu de miel. Remplacez-les par les cadres voisins qui, eux non plus, ne contiennent pas de ponte. Insérez dans l'espace ainsi libéré trois cadres de cire gaufrée.

Pratiquez un nourrissement stimulatif avec du sirop afin de faciliter la construction des rayons.

POSER LES HAUSSES

Lorsque la colonie s'est développée considérablement, il est temps de préparer la récolte et donc de poser les hausses. Le bon moment pour effectuer cette opération dépend du climat de la région. Dans le Midi, elle peut se dérouler fin mars et en montagne à la mi-juin.

MÉMO

Si l'environnement dispose de nombreuses sources mellifères, une seule hausse ne suffira pas, il faut en placer deux et observer à intervalles réguliers l'évolution de la récolte.

Définir le bon moment

Si vous posez la hausse de façon prématurée, vous risquez en cas de mauvais temps de refroidir le couvain et d'entraîner une mortalité larvaire. En revanche, si vous attendez trop, vous favorisez l'essaimage et si celui-ci survient, vous perdez une grande partie de la récolte.

Les abeilles doivent occuper la quasi-totalité du corps de ruche. Un signe déterminant : on voit apparaître une sorte de blanchiment au-dessus des cadres. Ce sont de petits reliefs de cire construits par les abeilles qui cherchent à bâtir des rayons pour pouvoir stocker le miel.

Comment procéder ?

Il est préférable d'utiliser une grille à reine car elle permet aux abeilles de circuler tout en cantonnant la reine dans le corps de la ruche. Elle ne peut donc aller pondre dans les cadres de hausse. Cette technique réduit les risques d'essaimage.

Posez la grille sur le corps de la ruche, après avoir légèrement enfumé, faites glisser la hausse de l'arrière vers l'avant avec délicatesse. Vérifiez que l'ensemble corps-grille-hausse est bien stable et bien étanche afin d'éviter les risques de pillage. Vérifiez également que l'écartement entre les cadres est régulier de manière à éviter la construction de brèches anarchiques qui compliqueraient la récolte. Refermez la ruche.

ÉVITER ET PRÉPARER L'ESSAIMAGE

L'essaimage prive la colonie de 30 000 ou 40 000 abeilles, pour la plupart butineuses, ce qui peut faire diminuer fortement la récolte. Lors de ce phénomène, la population se scinde en deux groupes. Le premier reste dans la ruche initiale, autour de la jeune reine à peine éclose. Le second, rassemblé autour de la reine en place, prend son envol, forme un essaim et se pose à proximité du rucher.

Il ne faut pas se faire d'illusions : quelles que soient les précautions, l'essaimage peut toujours survenir.

La prévention

Les jeunes reines sont moins essaimeuses que les vieilles reines. Alors n'hésitez pas à vous procurer des reines fécondées pour renouveler les reines déclinantes.

Renouvelez vos cadres régulièrement — les vieux cadres noirs favorisent

MON CONSEIL

Pour ne pas me laisser surprendre, je prépare une ruche et une ruchette à l'avance, munies de tous leurs cadres qui me permettront de reloger aussitôt l'essaim vagabond.

l'essaimage – et n'attendez pas trop pour poser les hausses : la colonie doit disposer d'un espace correspondant à son développement.
Si une de vos deux ruches est plus faible, retirez de la plus forte deux cadres de couvain après avoir au préalable brossé les abeilles. Remplacez ces cadres par des cadres de cire gaufrée.

Un signe annonciateur

Par temps chaud, la colonie ne parvenant pas à réguler la température de l'intérieur de la ruche, un grand nombre d'abeilles sortent de la ruche et, s'accrochant les unes aux autres, elles forment une grappe qui pend sur la face avant de la ruche. Alors, très souvent, un essaim ne tarde pas à prendre son envol.

Récupérer un essaim

Dès que vous l'avez repéré, disposez-vous à le récupérer car il risque de s'envoler à nouveau.
S'il est posé en hauteur, employez un cueille-essaim. S'il est accroché à une branche basse, une ruche contenant en alternance des cires gaufrées et des rayons déjà bâtis fera l'affaire. Approchez-la, découverte, juste sous l'essaim. Secouez la branche d'un coup sec pour faire choir les abeilles dans la ruche. Les abeilles vont rapidement pénétrer à l'intérieur. Fermez la ruche. Nourrissez la colonie pour accélérer son démarrage.

Préparer un piège à essaim

Lorsqu'un essaim s'est envolé, s'il ne s'est pas posé à proximité immédiate des ruches, il devient difficile à débusquer. Il convient donc de lui mettre à disposition une ruche ou une ruchette que l'on utilisera comme piège.
Les abeilles préfèrent toujours les vieilles ruches. Passez l'intérieur du corps à la lampe à souder. Ainsi, vous désinfectez le bois et, en outre, s'exhalera une bonne odeur de cire fondue particulièrement attractive.
Remplissez le corps en alternant un cadre de cire gaufrée et un cadre déjà bâti. Les vieux rayons attirent les abeilles et la cire gaufrée permet aux cirières d'assumer leur rôle. Passez un produit attire-essaim sur les cadres et la planche d'envol.
Placez la ruche ou la ruchette à l'ombre car un essaim qui s'installe ne supporte pas la grosse chaleur. Vérifiez fréquemment si le piège a fonctionné. Puis installez la ruche sur son emplacement définitif.

MÉMO

Les abeilles d'un essaim, gorgées de miel, sont particulièrement douces. Toutefois si, installées depuis plusieurs jours, elles sont confrontées à de dures conditions climatiques, elles peuvent se montrer agressives.

En été : pratiquer
LA RÉCOLTE

Depuis plusieurs semaines, vos abeilles ont emmagasiné le nectar disponible dans votre environnement. Surmontées de hausses, les ruches se sont bien alourdies. Il faut procéder à la récolte.

Pour l'apiculteur, c'est la récompense attendue durant toute l'année et le fruit du travail effectué.

QUAND RÉCOLTER

Les abeilles élaborent le miel longuement. Lorsqu'elles ont retiré l'humidité superflue, le miel peut se conserver longtemps. Dès lors, pour le protéger, les abeilles obstruent les alvéoles dans lesquels elles l'ont stocké avec une fine pellicule de cire : l'opercule. Si la plupart des cadres sont operculés sur la majeure partie de leur surface, vous pouvez intervenir. Dans le cas contraire, il faut encore attendre. Le miel que vous récupéreriez ne se conserverait pas. Il ne tarderait pas à fermenter.
Le plus souvent, cette période se situe en fin d'été quand l'activité de la colonie décroît. Mais elle peut varier selon l'altitude et le climat.

UNE OU PLUSIEURS RÉCOLTES ?

Jusqu'à une période récente, les apiculteurs n'effectuaient qu'une seule récolte. Ce miel « toutes fleurs » provenaient de l'ensemble des fleurs butinées au cours de la saison. Si votre environnement permet des miellées intenses et successives, vous pouvez récolter à plusieurs reprises et obtenir ainsi un miel mono-floral. C'est le cas si vous disposez de champs de colza ou de tournesol, de bois de châtaigniers ou d'acacias...

LE JOUR DE LA RÉCOLTE

Il importe de choisir de choisir une belle journée ensoleillée, très calme, sans vent, de préférence en fin de matinée, quand les butineuses parcourent la campagne en quête de nectar et de pollen.
Vous avez déjà préparé le matériel et la salle d'extraction. Avec une brouette pour vous aider à transporter le butin, vous vous dirigez vers votre rucher.

MON CONSEIL

Je recommande vivement de travailler seul ou avec un autre apiculteur et de tenir les curieux éloignés !

Ma méthode : utilisez un chasse-abeilles

Le chasse-abeilles permet, par un moyen purement mécanique, de faire descendre les abeilles dans le corps de la ruche durant la nuit et de récupérer les hausses sans risque de piqûre et sans déranger les abeilles. Certes, vous devrez visiter deux fois vos ruches, mais la récolte sera sans risque !
La veille de la récolte, en soirée, décollez la ou les hausses du corps de la ruche pour y glisser le couvre-cadres muni du chasse-abeilles. Celui-ci laisse descendre les abeilles dans le corps mais ne les laisse pas monter. En quelques heures, les hausses seront désertées. Il ne reste plus qu'à les

récupérer le lendemain matin lors d'une deuxième visite. Puis, à la miellerie, vous ferez le tri des cadres, operculés ou non.

PRÉPARER L'ESPACE EXTRACTION

Avant d'aller chercher les cadres de miel au rucher, il faut préparer dans la maison un lieu où se déroulera l'extraction, la maturation et le conditionnement du miel. Un espace aménagé temporairement suffit pour récolter le miel de deux ou trois ruches.

Les précautions

Le local doit être très propre, sec, bien éclairé et muni d'un point d'eau potable. Moins de 10 m² permettent de travailler confortablement. Pour éviter que les abeilles ne puissent y pénétrer pour récupérer leur butin, il doit pouvoir se fermer de manière étanche. Si votre cuisine est grande, c'est l'endroit idéal. Ce local ne doit pas être soumis à de grands écarts de température. Une température de 20 à 25°C est idéale. En dessous, le miel mature difficilement.

Le matériel

Aiguisez votre couteau à désoperculer afin qu'il tranche comme un rasoir. Nettoyez le bac à désoperculer pour retirer les infimes poussières.
Installez sur le sol un morceau de bâche plastique de 2 m² sur lequel vous poserez les hausses. Cette précaution vous évitera de laisser couler des gouttes de miel. En marchant dessus, elles collent aux semelles et vous en répandez partout où vous allez. Préparez un seau d'eau et une éponge de manière à pouvoir nettoyer au fur et à me-

MÉMO

Il faut éviter les garages pour procéder à l'extraction. Ils sont pratiques mais les odeurs d'essence ne peuvent pas cohabiter avec le miel.

sure les coulures de miel.
L'extracteur-maturateur, nettoyé avec un linge sec, sera installé dans un coin où il ne gênera pas le passage car il restera là durant plusieurs jours.

DÉSOPERCULER

La récolte est entreposée à la miellerie. Vous pouvez d'ores et déjà en faire une estimation : chaque cadre bien operculé contient environ 1,5 kg de miel.
Sans attendre, il faut maintenant désoperculer les cadres avant de les passer dans l'extracteur. Pour réaliser cette opération, il faut maîtriser le geste pour éviter de se couper... sérieusement !

Le tour de main

Placez un seau sous le bac à désoperculer. Il recevra le miel s'écoulant des opercules.
Prenez un cadre dans la hausse récoltée, placez-le verticalement sur la pointe de la traverse située au-dessus du bac à désoperculer. Inclinez-le légèrement vers l'avant. Maintenez-le dans cette position en plaçant votre main à cheval sur la partie haute du cadre tout en faisant attention qu'aucun doigt ne dépasse.
Placez le couteau près de la traverse et découpez, en remontant, une fine couche de miel et de cire. Maniez le couteau de gauche à droite et de droite à gauche en maintenant la lame au plus près de la pellicule de cire. Si votre couteau accroche, essuyez-le. La découpe doit être franche, propre et nette. Parfois vous rencontrerez un durillon et vous verrez apparaître des alvéoles remplis d'une substance pâteuse de différentes couleurs ; ne vous inquiétez pas : c'est du pollen.
Profitez de cette étape pour retirer avec la lame du couteau les dépôts de cire et de propolis que les abeilles ont déposés sur les différentes parties en bois du cadre.
Une fois le cadre désoperculé sur les deux faces, placez- le dans la cage de l'extracteur. Désoperculez autant de cadres que peut contenir cette cage.

Le miel des opercules

Lorsque vous aurez fini de désoperculer votre récolte, brisez avec votre couteau la masse d'opercules présente dans votre bac. Inclinez celui-ci et laissez s'écouler le miel. Vous pouvez aussi les placer dans un linge que vous essorerez en le tordant entre les mains afin de faire couler le miel encore présent. Ce miel sera vidé dans l'extracteur où il sera filtré.

Lorsque vos opercules ne contiendront quasiment plus de miel, vous les porterez en fin d'après-midi auprès de vos ruches, dans un endroit ombragé à l'abri de tout passage. Vos abeilles les lécheront et vous pourrez les fondre ultérieurement.

Faites également lécher les hausses que vous aurez extraites avant de les stocker dans un endroit aéré afin d'éviter une attaque de fausse-teigne.

EXTRAIRE LE MIEL

Glissez autant de cadres désoperculés dans le panier de l'extracteur qu'il en est prévu. Il faut impérativement équilibrer la charge si les cadres ne sont pas remplis de manière similaire. Fermez avec soin le couvercle de l'extracteur et actionnez la manivelle, lentement au début puis de plus en plus vite afin de provoquer une force centrifuge suffisante pour vider les alvéoles de leur miel. Selon les modèles et la texture du miel, plus ou moins fluide, il faut compter une centaine de tours.

Soulevez le couvercle. Vérifiez que la face du cadre est bien vide. Replacez les cadres en les changeant de face et recommencez l'extraction. Retirez les cadres et replacez-les dans la hausse. Continuez jusqu'au dernier cadre.

FAIRE MATURER LE MIEL

Extrait des rayons, le miel s'écoule par une grille — qui permet de filtrer les impuretés les plus grossières — dans un maturateur, qui peut contenir une cinquantaine de kilos. Il va y reposer plusieurs jours. Les particules microscopiques remonteront alors en surface pour former une écume plus ou moins épaisse. Votre récolte est achevée. Il ne reste plus qu'à conditionner votre miel.

NETTOYER LE MATÉRIEL

Versez à l'intérieur de l'extracteur de l'eau très chaude et, avec une éponge douce, frottez les parois et le panier à cadres jusqu'à ce que disparaisse toute trace de miel. Rincez une ou deux fois à l'eau chaude. Laissez sécher. Essuyez.
Agissez de même avec le bac à désoperculer, le couteau et le maturateur lorsque... vous l'aurez vidé !

Au rucher : dès la fin de la récolte, procédez au traitement anti-varroa afin de réduire l'infestation et permettre à vos colonies d'affronter la saison hivernale en bonne condition.

En automne :
PRÉPARER L'HIVERNAGE

Dans les ruches, la population décroît. Il faut stimuler la ponte et évaluer les provisions.

STIMULER LA PONTE

Disposez dans la hausse un nourrisseur ou placez un nourrisseur couvre-cadres. Préparez un sirop léger, moitié sucre, moitié eau. Administrez-en 0,50 l par ruche à deux ou trois reprises tous les trois ou quatre jours. Cela redonnera du tonus à la reine qui se remettra aussitôt à pondre activement.

ÉVALUER LES RÉSERVES

De chaque côté du couvain, la colonie doit pouvoir disposer de miel. Pour affronter un hiver normal, une quinzaine de kilos de miel est suffisante. Si vous jugez que les réserves sont insuffisantes, complétez-les par un ajout de sirop lourd à raison de 5 kg de sucre pour 3 l d'eau ou avec du sucre candi acheté chez un commerçant.

VÉRIFIER L'ÉTAT SANITAIRE

Vérifiez que vos abeilles sont exemptes de tout symptôme de maladie. En cas de doute, faites appel aux services vétérinaires. Il est important de traiter vos colonies contre le varroa en suivant les instructions du GDS.

PROTÉGER LES ABEILLES DES PRÉDATEURS

Dans votre jardin, vos abeilles sont protégées des ours et des blaireaux. Toutefois les martres, les rats et les souris, plus communs, peuvent être attirés par cette nour-

riture si alléchante, notamment par temps de neige. Fixez des portes d'entrée qui permettront aux abeilles de se défendre de ce type d'agression.

PROTÉGER LES ABEILLES DES INTEMPÉRIES

Si vos ruches vous semblent mal protégées de l'humidité du sol, rehaussez-les. En zone de montagne, vous pouvez ajouter un isolant thermique entre le couvre-cadres et le toit (plaque de polystyrène, feuille de moquette...). Le toit de vos ruches doit être bien arrimé. Si d'aventure une bourrasque en emportait un, la pluie, pénétrant dans les rayons, entraînerait la mort de la colonie.

MON CONSEIL

Je place sur les toits de mes ruches des pierres lourdes pour éviter que le vent ne les emporte.

RASSEMBLER UNE RUCHE FAIBLE ET UNE PLUS FORTE

Si vous remarquez qu'une de vos colonies est très faible et n'a aucune chance de survivre à l'hiver, vous pouvez l'unir à une colonie plus forte. Si elle dispose de miel, ajoutez- la à une colonie qui en manque. Si elle est pourvue d'une jeune reine mais sans grande population et sans réserve, ajoutez-la à une colonie dotée d'une vieille reine.

Placez la colonie à ajouter à proximité de la ruche receveuse. Retirez de celle-ci les cadres inintéressants, pourvus de cire noire ou dépourvus d'abeilles ou de miel, pour loger les cadres intéressants de la donneuse (cadres de couvain, cadres de miel ou cadres recouverts d'abeilles). Refermez la ruche receveuse. Secouez les dernières abeilles de la ruche donneuse à l'entrée de la ruche d'accueil.

Emportez la ruche vide à votre atelier. Les cadres seront fondus et les parois du corps désinfectées au chalumeau.

En hiver : surveiller SANS DÉRANGER

Durant l'hiver, la ponte est inexistante. L'activité de la colonie est au ralenti, hormis le travail de thermorégulation au sein de la ruche.

NE PAS DÉRANGER

L'apiculteur doit rester vigilant sans déranger. Sous aucun prétexte, vous ne devez ouvrir vos ruches. Vous dissocieriez la grappe et la colonie éprouverait des difficultés à retrouver sa température idéale. Si vous n'apercevez pas d'activité sur la planche d'envol, ne vous inquiétez pas.

Vérifiez que le bois des ruches n'est pas attaqué par des martres. Si, hélas, c'est le cas, fixez temporairement avec des vis un morceau de tôle sur la partie endommagée.

Élaguez les branches qui font trop d'ombre, débroussaillez, plantez des plantes ou des arbustes mellifères. Améliorez les accès.

MÉMO

Pour se rassurer, on peut coller son oreille contre la paroi de la ruche. On entend alors un léger bruissement réconfortant.

EN CAS DE NEIGE

Ne retirez pas la neige autour des ruches. La chaleur de la ruche la fera fondre, permettant ainsi aux abeilles de respirer. En revanche, par beau temps, elles vont effectuer leur vol de propreté. Si elles se posent dans la neige, elles se refroidissent et périssent. Placez une tuile ou une planche sur la planche d'envol. Elle assombrira l'intérieur de la ruche et dissuadera les abeilles de prendre leur envol.

Effectuer DE PETITS TRAVAUX

Lorsque le travail au rucher est accompli, vous pouvez effectuer de petits travaux de bricolage, qui vous faciliteront la tâche au cours de la prochaine saison.

ENTRETENIR UNE RUCHE

Exposées aux intempéries, les boiseries des ruches subissent des dégradations qu'il ne faut pas laisser s'étendre. Réparez avec de la pâte à bois les fissures ou les trous qui apparaissent et repeignez vos ruches tous les quatre ou cinq ans. Vous pouvez le faire avec les abeilles à l'intérieur. Il suffit de fermer la grille d'entrée en la retournant pour permettre aux abeilles de respirer sans pouvoir sortir. Pratiquez en hiver quand la température avoisine les 10 °C.

DÉSINFECTER UNE RUCHE

Lorsqu'une colonie est morte, retirez les cadres et passez l'intérieur de la ruche à la flamme du chalumeau sans vous attarder

pour ne pas brûler le bois. Vous détruirez ainsi les spores et les bactéries qui engendrent de graves pathologies.

MONTER DES CADRES

Comme vous devez renouveler régulièrement vos cadres et que vous en utilisez pour mettre en place des ruches pièges, il vous faut en préparer, chaque année, un nombre correspondant.

Tendez les fils qui soutiennent la cire et fixez-les sur le côté du cadre avec un petit clou à tête large. Glissez la feuille de cire dans la rainure prévue à cet effet. À l'aide d'un transformateur 12 volts, en plaçant le plus et le moins à chaque extrémité du fil, faites fondre la cire de manière à incruster le fil à l'intérieur de celle-ci.

FONDRE SA CIRE

Les apiculteurs disposant d'un rucher plus important fondent la cire de leurs opercules qu'ils échangent contre de la cire gaufrée. Pour une petite production, cette opération paraît trop fastidieuse à effectuer. Aussi, je vous recommande de l'apporter, une fois léchée par les abeilles, à un apiculteur ou à un vendeur de produits apicoles. Toutefois, si vous êtes bricoleur, vous pouvez construire un cérificateur solaire qui vous permettra de fondre vos opercules sans aucun problème.

LES PRODUITS DE LA RUCHE

Depuis la nuit des temps, les abeilles prélèvent dans la nature des substances riches qu'elles transforment pour nous offrir une gamme de produits naturels, rares et authentiques. Agréables au palais, mais très différents les uns des autres, réputés pour leur valeur énergétique, les miels se déclinent au pluriel. La gelée royale, le pollen ou la propolis nous apportent des éléments favorables à notre bien-être et à notre santé.

Le miel

Nous gardons tous en mémoire les saveurs du miel de notre enfance. Avec nostalgie. Mais le miel récolté par soi-même est naturellement le meilleur !

MÉMO

Pour produire un seul gramme de miel, l'abeille visite des milliers de fleurs et effectue plusieurs dizaines de kilomètres.

L'extraordinaire variété des miels dépend de la diversité de la flore dont est issu le nectar. En outre, d'une année à l'autre, en fonction de plusieurs facteurs (climatologie, cultures...), votre production sera toujours différente en arôme et en couleur.

DE LA FLEUR AU MIEL

Grâce à leur pièce buccale, les abeilles aspirent les nectars des fleurs qui deviendront miel. Elles prélèvent aussi les excrétions laissées sur les végétaux par des insectes suceurs, comme les pucerons, qui deviendront miellats (miels de sapin ou de forêts). Pour les transporter à la ruche, elles les stockent dans le jabot où cette substance sucrée est déjà enrichie par des sécrétions glandulaires.
Emmagasinée dans les alvéoles, la substance est retravaillée longuement par plusieurs abeilles qui, au cours de multiples

manipulations, l'enrichissent en enzymes nécessaires aux assemblages de sucres et font évaporer l'eau en excédent. Quand enfin le nectar est devenu miel, celui-ci est alors operculé.

LA COMPOSITION DES MIELS

Le miel est constitué d'eau, de sucres naturels et de multiples substances diverses.

- **L'eau :** en moyenne, la teneur en eau avoisine les 17 %. Ce critère est très important car il détermine la qualité de conservation d'un miel. Au-delà de 18 %, le miel se détériore en quelques mois au terme desquels il finit par fermenter. On peut mesurer le taux d'humidité avec un densimètre. Un indice : si un miel fige très vite, son taux sera satisfaisant.
- **Les sucres :** à maturité, le miel contient plus de vingt sucres différents qui représentent 80 % de sa composition. Le miel est donc essentiellement constitué de sucres naturels, principalement glucose (30 % généralement) et fructose (38 %), mais également de sucres plus rares comme maltose, erlose, kestose, isomaltose... Contrairement au saccharose, ces miels sont facilement assimilables par l'organisme.
- **Les autres éléments :** même en faible quantité, les vitamines, les oligo-éléments ou les flavonoïdes jouent un rôle prépondérant pour stimuler le système immunitaire. D'autres substances donnent au miel des qualités antibactériennes.

LA CRISTALLISATION

Tous les miels se cristallisent plus ou moins vite. Cette évolution naturelle varie selon l'importance du glucose et du fructose. Riche en glucose, il cristallisera vite, comme le miel de colza ou de pissenlit. Riche en fructose, comme le miel d'acacia, il restera très longtemps liquide.

LA CONSERVATION DU MIEL

Le miel supporte mal les températures dépassant les 25 °C, qui provoquent un déphasage entre partie solide et partie liquide. Les écarts importants sont aussi très préjudiciables.

MÉMO

Pour retrouver la texture du miel liquide sans en altérer la qualité, il faut placer le pot de miel au bain-marie dans une eau avoisinant les 38 °C.

MON CONSEIL

Les derniers pots sont souvent souillés par des reliquats d'écume. Je les remplis donc un peu plus, puis je les écume à nouveau. Je les garde pour ma consommation personnelle.

Le pot de miel ne doit pas rester ouvert car celui-ci absorberait l'humidité ambiante. Conservez-le entre 15 et 20 °C. Ne le mettez jamais au réfrigérateur.

CONDITIONNER LE MIEL

Au-delà d'une dizaine de jours, votre miel ne peut demeurer dans le maturateur. Il risque de figer et vous ne pourriez plus le conditionner facilement.

Choisir l'emballage

Achetez chez un commerçant de produits apicoles un nombre de pots correspondant à l'ampleur de la récolte. Choisissez le modèle, la contenance et la capsule si vous préférez un pot en verre. Privilégiez des pots de 250 g ou de 500 g. Le pot de 1 kg reste ouvert trop longtemps sur la table du petit déjeuner et fini par détourner du miel bon nombre d'amateurs.

Mettre en pot

Essuyez vos pots. Sur une tablette située sous le robinet du maturateur, installez une balance de cuisine. Pesez votre contenant vide et calculez le poids total nécessaire pour obtenir un pot de 250 g ou 500 g net. Ôtez le couvercle du maturateur. Avec une spatule, retirez avec soin l'écume qui recouvre le miel. Mettez-la dans un récipient. Vous la ferez lécher à vos abeilles.

Desserrez le robinet et ouvrez-le avec prudence. Ne vous laissez pas surprendre : lorsque le maturateur est plein, le débit est fort. Remplissez votre pot. Retirez-le. Posez-le à proximité et glissez-en un autre aussitôt sous le robinet. Fermez vos pots.

Une belle étiquette

Pour parfaire le travail, même si votre production est réduite et si vous ne la commercialisez pas, réalisez une belle étiquette. Vous pouvez la concevoir sur un ordinateur.

Elle portera le mot « miel » suivi d'une indication géographique comme celle de votre lieu de résidence, ou florale si vous avez procédé à plusieurs récoltes, ainsi que vos nom, prénom, adresse et le poids net.

MÉMO

En moyenne, les Français consomment 400 g de miel par an et par habitant.

LES FRUITS SECS AU MIEL

Les fruits secs (amandes, noix, noisettes...) se conservent fort bien dans le miel. Ce sont d'excellentes préparations qui sont très simples à réaliser.
Remplissez vos pots de fruits secs, versez dessus du miel liquide ou rendu liquide après avoir été défigé au bain-marie à 38 °C. Fermez vos pots. Vous pourrez consommer les fruits secs au miel durant plusieurs semaines. Je les recommande en nappage des glaces.

Le pollen

Le petit apiculteur peut facilement récolter du pollen pour son usage personnel. Il suffit de prendre le temps et aussi quelques précautions.

Le pollen est la substance mâle des fleurs. Lors de la visite de la fleur, l'abeille s'agite et fait tomber les milliers de grains microscopiques sur son corps. Elle humecte cette poussière et se brosse méthodiquement avec ses pattes pour constituer des pelotes qu'elle rapportera à la ruche dans des corbeilles situées sur la face externe de la troisième paire de pattes.
À l'arrivée dans la ruche, les pelotes sont décrochées et stockées dans des alvéoles où, en présence d'acide lactique, le pollen entame une lactofermentation qui en améliore la digestibilité et la conservation. Le pollen est l'unique source de protéines de la colonie.

LA COMPOSITION DU POLLEN

Le pollen est un excellent complément alimentaire pour l'homme. De façon variable selon l'origine florale, le pollen contient protéines, acides aminés, glucides, minéraux, lipides et microéléments.

LA GELÉE ROYALE

Un petit apiculteur ne peut produire de gelée royale en raison du matériel indispensable et des contraintes techniques obligatoires. Nourriture essentielle de toutes les larves de la colonie jusqu'au 3e jour et de la reine durant toute son existence, cette bouillie blanchâtre a un goût acide. Composée d'eau, de sucres naturels, de protéines, de lipides et de multiples substances rares, cet aliment exceptionnel contribue à l'équilibre du métabolisme de base et augmente considérablement les défenses immunitaires. Son action vitalisante et équilibrante établie par des recherches scientifiques suscite un intérêt croissant.

CONSOMMER LE POLLEN

Le pollen permet d'augmenter ses défenses immunitaires. Il est recommandé de faire deux cures de pollen par an d'un mois chacune, en automne et au printemps. En cas de fatigue prolongée, on peut en prendre régulièrement.

RÉCOLTER DU POLLEN

Placez au milieu du printemps, quand la flore est très abondante, une trappe à pollen à l'entrée de votre ruche. Obligées de passer par la grille, les abeilles laissent tomber leurs pelotes de pollen. Il faut récolter le pollen de la trappe tous les deux jours. Filtrez le pollen en le passant dans une grille grossière afin de retirer les débris les plus gros : abeilles mortes...

Étendez le pollen en couche fine sur des claies grillagées au travers desquelles vous ferez passer un léger courant d'air sec et pas trop chaud (moins de 40 °C) pendant 24 heures. Votre pollen doit être sec et ferme, sans être dur sous la dent. Triez-le avec attention pour retirer les particules minuscules exogènes. Conditionnez-le dans des pots hermétiques. Consommez dans l'année.

La propolis
ET LA CIRE

Vous pouvez aussi récolter de la propolis, qui vous permettra de lutter efficacement contre de nombreux maux, et de la cire.

MÉMO

Malgré de nombreuses recherches scientifiques, on ignore encore aujourd'hui l'identité d'un certain nombre des éléments composant la propolis.

LA PROPOLIS

Les abeilles récupèrent cette matière résineuse et gommeuse sur les bourgeons de certains arbres (aulne, saule, chêne et conifères). Comme pour le pollen, les abeilles transportent ce butin sur les pattes arrière. À l'intérieur de la ruche, la propolis est utilisée aussitôt pour colmater les fissures, em-

baumer un intrus, musaraigne ou souris. Le surplus est déposé sur les bois des cadres. La propolis est principalement constituée de résines, de cire, de pollen, d'huiles essentielles et d'éléments divers. Elle a des propriétés antimicrobiennes, fongicides et antibiotiques remarquables. On l'utilise surtout en oto-rhino-laryngologie et en stomatologie. Il est recommandé de mâcher longuement des particules de propolis ou encore de les dissoudre dans de l'alcool pour les utiliser alors en extrait actif.

Comment la récolter

Placez après la récolte de miel, au-dessus de votre corps de ruche, une grille à propolis. Les abeilles vont en obstruer les trous. Lorsque la grille sera remplie, retirez-la. Placez-la dans un congélateur. Au froid, la propolis devient cassante : en tordant la grille entre les mains, celle-ci laissera tomber les petits morceaux de propolis qui seront dès lors utilisables.

LA CIRE

Depuis fort longtemps, les hommes ont recours à la cire comme support d'écriture, sceau, moyen d'éclairage ou pour calfeutrer les bateaux.

Fabriquer des bibelots en cire ou des bougies

Au lieu d'employer votre vieille cire qui sera difficile à fondre et à épurer, je vous conseille d'utiliser de la cire gaufrée que vous vous procurerez chez votre revendeur de produits pour l'apiculture.

Vous trouvez aujourd'hui dans le commerce toutes sortes de moules : chats, chiens, têtes de chevaux, santons... Faites fondre la cire et remplissez le moule. Laissez refroidir.

Démoulez. Vous pouvez peindre vos objets ainsi réalisés. Si vous souhaitez les transformer en bougies, placez préalablement une mèche au centre du moule.

Fabriquer une encaustique

La fabrication d'encaustique exige de prendre de grandes précautions car vous devrez mélanger des produits hautement inflammables : la cire et l'essence de térébenthine.

Faites fondre la cire en la chauffant au bain-marie dans une bassine à moitié remplie d'eau. Lorsque la cire est presque fondue, placez dans la bassine les boîtes contenant l'essence de térébenthine. Lorsque les deux produits sont à température égale, retirez les boîtes de la bassine et versez la cire dans l'essence de térébenthine. Remuez le mélange ainsi obtenu et laissez refroidir.

MÉMO

Proportions pour un cirage léger : 1/3 de cire, 3/4 de térébenthine ; pour une encaustique à chaussures : 1/3, 2/3 ; pour une encaustique à parquet : 1/2, 1/2.

Index

Les bonnes adresses

Afin de vous faciliter l'entretien et un bon suivi de vos colonies d'abeilles, il est préférable de connaître quelques adresses qui vous simplifieront la vie !

LES SYNDICATS

Les syndicats départementaux, affiliés à un syndicat national, proposent divers services aux apiculteurs, comme les assurances, les formations ou les groupements d'achat. Pour bénéficier des conseils liés à l'apiculture locale, dès la première ruche, il est recommandé d'y adhérer. Renseignez-vous auprès des structures nationales pour connaître les responsables apicoles locaux.

Ces deux principaux syndicats rassemblent chacun des milliers d'adhérents et vous proposent des revues fort instructives :

Union nationale de l'apiculture française (UNAF)

5 bis rue Faÿs
94160 Saint-Mandé
01 41 79 74 40
unaf@unaf-apiculture.info
www.unaf-apiculture.info

Revue mensuelle : *Abeilles et Fleurs* (médaille d'or du concours mondial des revues d'apiculture, World Beekeeping Awards, Apimondia 2019)

Syndicat national d'apiculture (SNA)

5 rue de Copenhague
75008 Paris
01 45 22 48 42
contact@snapiculture.fr
www.snapiculture.com

Revue mensuelle : *L'Abeille de France*

LE GROUPEMENT DE DÉFENSE SANITAIRE DÉPARTEMENTAL

Dans chaque département, un GDSA (Groupement de défense sanitaire apicole) vous permet de disposer à prix réduits de traitements contre le varroa. Un vétérinaire conseil peut effectuer un diagnostic de vos ruches et vous prescrire des médicaments.

Les GDSA sont adhérents à la FNOSAD (Fédération nationale des organisations sanitaires apicoles départementales) : **www.fnosad-lsa.fr**

LES MAGASINS DE MATÉRIEL APICOLE

Au quotidien, un certain nombre de consommables sont nécessaires, comme la cire, les cadres, les pots, le sirop de nourrissement ou le candi. Partout en France, des magasins vous permettront de vous approvisionner directement ou par internet. Voici quelques adresses :

Apicop
220 rue Édouard Branly
11000 Carcassonne
www.apicop.com

Apidistribution
4 avenue du Docteur Schinazi
33083 Bordeaux
Retrouvez leurs autres magasins à Lescar (64), Portet-sur-Garonne (31) et Foulayronnes (47).
www.apidistribution.fr

ICKO
60 impasse des Senteurs
26130 Saint-Paul-Trois-Châteaux
D'autres magasins ICKO se situent partout en France, voir sur leur site :
www.icko-apiculture.com

Luberon Apiculture
430 Route de Cavaillon
84460 Cheval-Blanc
www.apiculture.net

Maison Lerouge Apiculture
Charente-Maritime
21 rue du Moulin Neuf
17260 Cravans

Oise
7 route de Coivrel
60420 Maignelay-Montigny

www.lerouge-apiculture.com

Naturapi
13 rue Saint-Exupéry
63800 Cournon-d'Auvergne
D'autres magasins Naturapi se situent partout en France, voir leur site :
www.naturapi.com

Nevière
Route de Manosque
04210 Valensole
www.pro.neviere.com

Route d'or
2 route de l'Or
49150 Baugé-en-Anjou
www.routedor.fr

Thomas Apiculture
321 rue Bernard de la Rochefoucauld
45450 Fay-aux-Loges
www.thomas-apiculture.com

VENTE DE MIEL ET PRODUITS APICOLES

Voici quelques adresses pour vous procurer du miel de petits producteurs partout en France :

Apiculture Bourgeaud
Le Moulin
26510 Cornillac

Miels d'Exception
9 sentier du Bas des Bourdins
78740 Evecquemont

Miel Montet
62 rue Orsel
75018 Paris

Le Comptoir du Miel
Magasins à Lille, Morzine et Paris.
Voir leur site :
www.lecomptoirdumiel.com

Famille Mary
Magasins partout en France, voir leur site :
www.famillemary.fr

CRÉDITS ICONOGRAPHIQUES

Couverture : plat 1 : Frédéric Marre/Rustica. Plat 4 : Shutterstock.

Rustica

pp. 6, 8, 12, 63 : Frédéric Marre ; pp. 32 b, 38, 53, 66 : Éric Brencklé ; p. 37 : Alexandre Petzold ; p. 49 : Franck Boucourt.

Shutterstock

pp. 4-5, 10, 14, 16, 18, 20, 21, 22, 23, 25, 26, 27, 29, 30, 31, 32 h, 33, 34, 39, 40-41, 42, 43, 44, 45, 47, 48, 50, 51, 52, 54, 55, 56, 57, 58, 59, 60, 61, 62, 64, 65, 67, 68, 69, 70, 72, 73, 74, 75.

Illustrations : Patrick Morin

Direction : Guillaume Pô
Direction éditoriale : Élisabeth Pegeon
Édition : Coline Sauvant
Relecture : Juliette Schpilberg
Direction artistique : Julie Mathieu
Conception de la couverture : Mathilde Corbel
Adaptation graphique et mise en pages : Emmanuel Chaspoul
Direction de fabrication : Thierry Dubus
Fabrication : Audrey Bord

Achevé d'imprimer en Pologne par Dimograf en novembre 2024
Ce livre est composé de matériaux issus de forêts bien gérées, certifiées FSC® et d'autres sources contrôlées, garantissant la démarche de développement durable de l'éditeur et de l'imprimeur.
Les éditions Rustica utilisent des papiers composés de fibres naturelles, renouvelables, recyclables et fabriquées à partir de bois issus de forêts qui adoptent un système d'aménagement durable.

FSC www.fsc.org
MIXTE
Papier | Pour une gestion forestière responsable
FSC® C018236